Introduction to Coffee Science

咖啡学概论

陈 荣　庄军平　主编

华南理工大学出版社
SOUTH CHINA UNIVERSITY OF TECHNOLOGY PRESS
·广州·

图书在版编目（CIP）数据

咖啡学概论/陈荣，庄军平主编. —广州：华南理工大学出版社，2020.7（2024.7 重印）

ISBN 978 - 7 - 5623 - 6328 - 6

Ⅰ. ①咖…　Ⅱ. ①陈…　②庄…　Ⅲ. ①咖啡 - 基本知识　Ⅳ. ①TS273

中国版本图书馆 CIP 数据核字（2020）第 118002 号

咖啡学概论

陈荣　庄军平　主编

出 版 人：柯　宁

出版发行：华南理工大学出版社

（广州五山华南理工大学 17 号楼，邮编 510640）

http://hg.cb.scut.edu.cn　　E-mail：scutc13@scut.edu.cn

营销部电话：020 - 87113487　87111048（传真）

策划编辑：袁　泽

责任编辑：唐燕池　张　颖

责任校对：梁晓艾

印 刷 者：广州小明数码印刷有限公司

开　　本：787 mm × 1092 mm　1/16　**印张**：10.25　**彩插**：2　**字数**：210 千

版　　次：2020 年 7 月第 1 版　2024 年 7 月第 3 次印刷

定　　价：40.00 元

前言

我国的咖啡产业起步虽晚，但发展速度很快。尤其是近年来，我国咖啡的消费市场规模不断扩大，发展态势迅猛，消费需求旺盛。新零售模式的出现，更是驱动了消费体验升级，以线上线下相结合的方式打破了咖啡消费的边界。

随着市场规模的扩大、大众对咖啡的认知的提升，消费者对咖啡品质和技术的要求越来越高，咖啡行业将成为一个新的人才需求增长点。系统地掌握咖啡学基础知识，能够帮助咖啡从业人员或咖啡爱好者宏观地认识咖啡的全产业流程，为未来在种植、加工或经营等具体环节的深入研究和创新做好准备。此外，对于在校学生而言，选修咖啡学相关通识教育课程，学习咖啡学基础知识，有助于拓展视野，打破学科壁垒，促进不同学科的交叉和渗透，提升自身的综合素养。

本书系统地介绍了咖啡的历史，咖啡树的生物学基础知识，咖啡果的采摘及加工，咖啡的烘焙，咖啡的成分、风味与功效，咖啡的研磨与萃取，咖啡的品鉴，咖啡饮品及其制作，咖啡在中国的发展等九个方面的基础知识。在编写过程中，本书力求深入浅出，采用图文并茂的方式讲解咖啡全产业链的相关知识，重点突出基础性、全面性和实用性。

咖啡具有极强的文化属性和丰富的地域风味特征，我国的咖啡产业也已有了自身的发展特色。因此，除了介绍国外已经较为成熟的咖啡产业外，为了加深读者对我国咖啡产业的了解，本书还包含了咖啡在我国本土化创新的内容，尤其是在“咖啡在中国的发展”一章中，详细地介绍了我国的咖啡发展历程和咖啡文化。

本书可作为大中专院校相关课程和各类咖啡培训学校的教学用书，也可供咖啡从业人员、咖啡爱好者学习参考。

由于编者水平所限，书中难免有疏漏或不当之处，恳请读者提出宝贵的意见。

编者

2020 年 6 月

图 2-1 盛开的咖啡花

图 2-2 成熟咖啡果为鲜红色

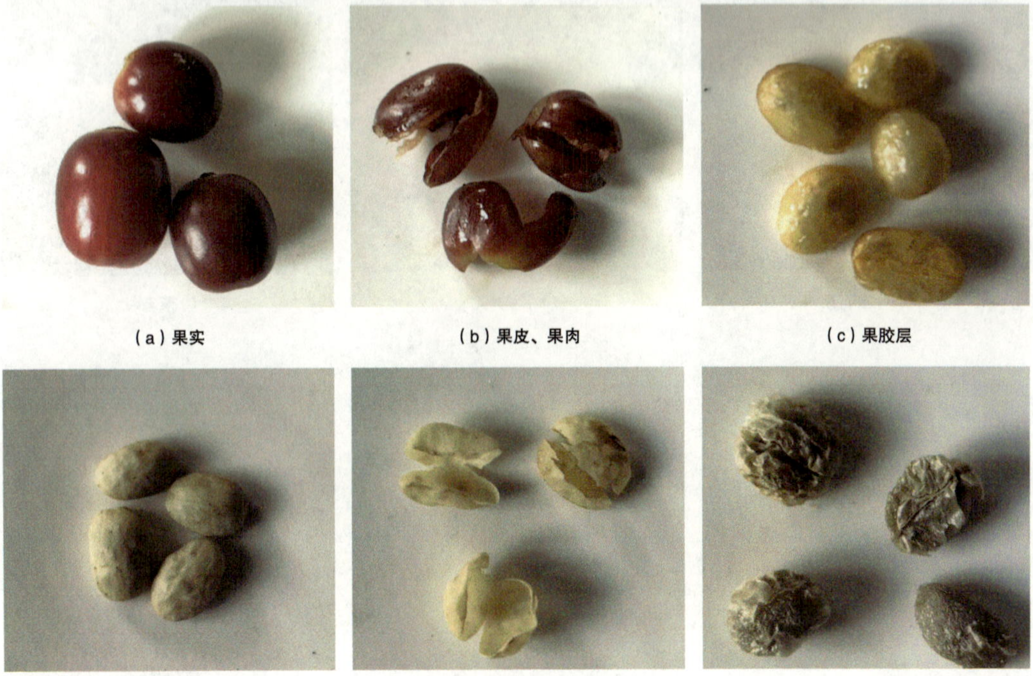

(a) 果实　(b) 果皮、果肉　(c) 果胶层

(d) 带壳豆　(e) 羊皮层　(f) 银皮层

图 2-3 咖啡果内部结构

(a) 阿拉比卡种　(b) 罗布斯塔种　(c) 利比里亚种

图 2-5 三大原生咖啡豆的外形

图 2-6 咖啡树叶面锈菌病斑

（a）幼苗期（种子发芽）

（b）幼苗期（苗圃育苗）

（c）幼树期

（d）初产期

（e）盛产期

（f）衰老期

图 2–4　咖啡树的生长周期

图 3–1　不同成熟程度的咖啡果

图 3–2　咖啡果手摘法

图 3–3　咖啡果的采收器械

图 3–4　咖啡果的机械采收

（a）用蜜处理法加工咖啡豆

（b）蜜处理后咖啡生豆的不同颜色

图 3–5　蜜处理法

图 3-6　咖啡豆人工分级方法

图 3-7　咖啡生豆中的贝壳豆

图 3-8　咖啡生豆中的发酵豆

图 3-9　咖啡生豆中的虫蛀豆

图 3-10　咖啡生豆中的发霉豆

图 3-11　咖啡生豆中的未熟豆

图 3-12　咖啡生豆中的黑豆

图 3-13　咖啡生豆中的死豆

图 3-14　咖啡生豆中的臭豆

图 3-15　咖啡生豆中的羊皮膜豆

图 3-16　将托盘上的生豆分为五份

图 4-4　咖啡烘焙的三种程度

图 4-5　意式烘焙咖啡豆

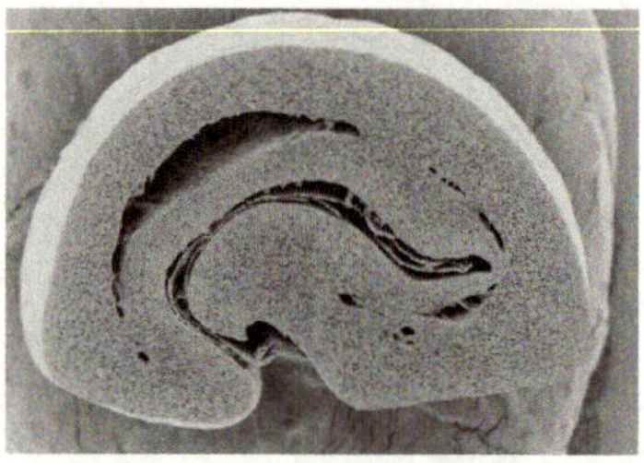

（a）咖啡豆横截面

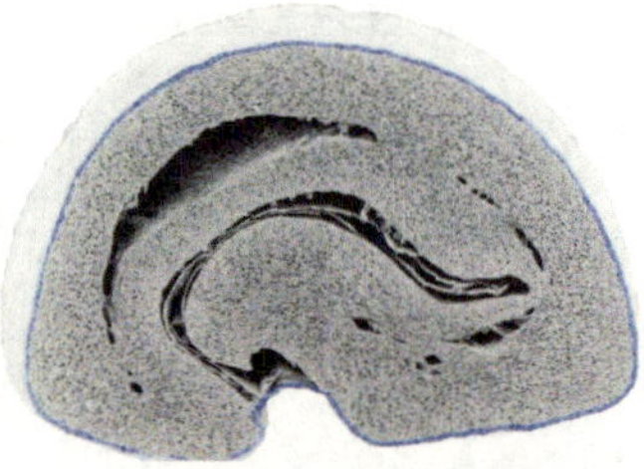

（b）水分子与咖啡豆外表面细胞的接触

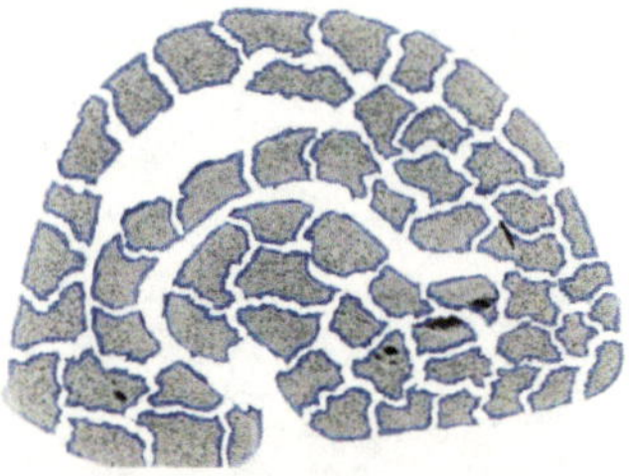

（c）水分子与磨碎的咖啡豆细胞的接触

图 6-1　咖啡豆研磨前后与水的接触面变化

（a）一般咖啡豆晾晒

（b）精品咖啡豆晾晒

图 7-1　咖啡豆的晾晒

图 7-4　晒干的咖啡果皮

目录

第一章　咖啡的历史 …… 1
第一节　咖啡的起源 …… 1
一、咖啡起源的传说 …… 1
二、关于咖啡起源的史料 …… 2
第二节　咖啡的传播与发展 …… 3
一、咖啡的三大原生种 …… 3
二、阿拉比卡种咖啡学名的来源 …… 3
三、阿拉比卡种咖啡的传播 …… 4
第二章　咖啡树的生物学基础知识 …… 7
第一节　咖啡树的基本生物学特性 …… 7
一、咖啡树的基本植物学特性 …… 7
二、咖啡果的结构 …… 8
三、咖啡树的种植周期及影响因素 …… 8
第二节　咖啡树的种类 …… 10
一、阿拉比卡种 …… 10
二、罗布斯塔种 …… 11
三、利比里亚种 …… 12
第三节　咖啡树对生长环境的要求 …… 14
一、气候及地理条件 …… 14
二、土壤条件 …… 15
第四节　咖啡树的种植 …… 15
一、咖啡树的选种与育苗 …… 16
二、咖啡树的嫁接育苗 …… 17
三、咖啡树的扦插育苗 …… 20
四、育苗方式的发展 …… 22

第五节　咖啡树的主要病虫害 …… 22
一、咖啡树生长中的主要病害 …… 22
二、咖啡树生长中的主要虫害 …… 24
第三章　咖啡果的采摘及加工 …… 27
第一节　咖啡果的成熟与采收 …… 27
一、咖啡果的成熟 …… 27
二、咖啡果的采收 …… 28
第二节　咖啡果的采后处理 …… 30
一、水洗筛选 …… 30
二、传统日晒 …… 32
三、半水洗法 …… 33
四、蜜处理法 …… 33
五、水洗与传统日晒法加工的咖啡生豆差异 …… 36
第三节　咖啡豆的分级、挑选与贮存 …… 37
一、咖啡豆的分级标准 …… 37
二、咖啡豆的挑选 …… 39
三、咖啡生豆的干燥与贮存 …… 42
第四章　咖啡的烘焙 …… 47
第一节　咖啡烘焙的基本概念 …… 47
一、咖啡烘焙的重要性 …… 47
二、咖啡烘焙的概念 …… 47
三、咖啡烘焙的主要阶段 …… 49
第二节　咖啡烘焙过程中的物理和化学变化 …… 52
一、咖啡烘焙过程中的物理变化 …… 52
二、咖啡烘焙过程中的主要化学变化 …… 53
第三节　咖啡烘焙曲线及烘焙原则 …… 56
一、咖啡烘焙曲线及其绘制 …… 56
二、咖啡烘焙的基本原则 …… 57
第四节　咖啡烘焙程度 …… 58
一、咖啡豆烘焙的阶段 …… 59

二、咖啡豆烘焙的程度 …………………………………… 60
三、咖啡烘焙过程的三个关键点 …………………………… 61
四、咖啡烘焙技能的层次 ………………………………… 62
第五节　咖啡烘焙机 ……………………………………… 63
一、商业用烘焙机 ……………………………………… 63
二、家用烘焙机 ………………………………………… 66
三、咖啡烘焙机的主要品牌 ……………………………… 68
第六节　咖啡烘焙中的有害物质及其控制 ………………… 69
一、丙烯酰胺的化学及毒理学性质 ……………………… 69
二、烘焙过程中丙烯酰胺的形成路径 …………………… 70
三、影响咖啡烘焙中形成丙烯酰胺的因素 ……………… 71
四、减少咖啡中丙烯酰胺形成的方法 …………………… 73
第五章　咖啡的成分、风味与功效 ………………………… 75
第一节　咖啡的主要成分 …………………………………… 75
第二节　咖啡的主要风味成分 ……………………………… 80
一、咖啡风味组分的形成机制 …………………………… 80
二、烘焙咖啡中的常见挥发性风味组分 ………………… 81
三、烘焙咖啡中的主要呈味组分 ………………………… 84
第三节　咖啡的主要功效 …………………………………… 86
第六章　咖啡的研磨与萃取 ………………………………… 89
第一节　咖啡的研磨 ………………………………………… 89
一、咖啡研磨的必要性 ………………………………… 89
二、研磨度 ……………………………………………… 90
三、研磨的4个基本原则 ……………………………… 91
四、正确选择磨豆机 …………………………………… 92
第二节　咖啡的萃取 ………………………………………… 93
一、萃取及其原理 ……………………………………… 94
二、萃取对咖啡风味的影响 ……………………………… 94
三、影响萃取的变量 …………………………………… 95
四、调整萃取的程度 …………………………………… 97

五、常见的咖啡萃取方法 …… 100
第三节 咖啡的金杯理论 …… 102
一、何为“金杯萃取准则”？ …… 102
二、金杯萃取准则图及应用 …… 103
三、金杯理论的局限性 …… 106
第七章 咖啡的品鉴 …… 109
第一节 精品咖啡相关基础 …… 109
一、精品咖啡豆的评测及定级 …… 109
二、咖啡品质鉴定师及咖啡技能竞赛 …… 111
三、我国精品咖啡及其发展状况 …… 112
第二节 咖啡的杯测 …… 114
一、了解咖啡杯测 …… 114
二、咖啡杯测的风味轮 …… 115
三、咖啡杯测手册 …… 116
四、咖啡杯测要求 …… 116
第三节 咖啡香气的品鉴 …… 119
一、咖啡的香气 …… 119
二、烘焙咖啡豆的香气 …… 120
三、咖啡地域香气 …… 121
第四节 咖啡的滋味品鉴 …… 122
一、咖啡中的主要滋味物质 …… 122
二、咖啡生豆和咖啡熟豆的滋味成分对比 …… 123
第八章 咖啡饮品及其制作 …… 125
第一节 花式咖啡制作 …… 125
一、意式咖啡 …… 125
二、花式咖啡饮品 …… 126
三、全自动咖啡机制作咖啡 …… 129
第二节 主要单品咖啡及其制作方法 …… 130
一、手冲壶制作单品咖啡 …… 130
二、虹吸壶制作单品咖啡 …… 131

第九章　咖啡在中国的发展 …… 135
第一节　咖啡在中国的引进和传播 …… 135
一、台湾的咖啡引入与发展 …… 136
二、海南的咖啡引入和发展 …… 136
三、云南的咖啡引入与发展 …… 137
第二节　中国的咖啡产业 …… 138
一、咖啡的种植与初加工 …… 138
二、云南咖啡生豆的市场 …… 139
三、咖啡的深加工产品 …… 139
第三节　中国咖啡的市场 …… 141
一、中国咖啡市场的发展历程 …… 141
二、中国咖啡市场的现状 …… 142
参考文献 …… 146
附录 …… 149

第一章

咖啡的历史

“咖啡”通常是指用经过烘焙的咖啡豆制作出来的饮料，有时也代指咖啡树、咖啡豆、咖啡产品等。在很久以前，人类就已经从咖啡树上采摘和食用咖啡果，并发现了咖啡果有令人愉悦、消除疲劳的功效。咖啡豆是指咖啡树果实中的果仁，内含营养丰富的物质及具有特殊功效的成分。咖啡研究者从咖啡生豆中分离出300多种化合物、从咖啡熟豆中分离出近900种化合物，远超巧克力中的300多种化合物和葡萄酒中的500多种化合物。根据科学家预测，咖啡熟豆中所含的化合物至少有1200种。直到现在，世界各国的咖啡研究者仍在不断地探索咖啡豆的内含成分，努力开发咖啡的特殊功效。

第一节　咖啡的起源

一、咖啡起源的传说

1. 牧羊人的传说

相传在公元6世纪末，一个埃塞俄比亚的牧羊人每天赶羊到原始森林流动放牧。一天晚上，他发现羊群活蹦乱跳，不像往常那样安静地睡觉。半夜里牧羊人不放心，起身到羊圈观察了好几次，每次都看到羊群显得异常兴奋，但又不像生病的样子。第二天早晨，羊群冲出羊圈后，径直朝前一天放牧的地方争先恐后地跑去。牧羊人好奇地跟着羊群，看到羊群欢快地争食一种灌木丛中的小粒红色果子。牧羊人好奇地采摘下果子试吃，在吃下这微带酸甜的红果子半小时后，他感觉身体轻盈、精神倍增。他采下一些果子带回村里分给大家。从此，人类食用咖啡果的历程就这样开启了。当地的人们还发现，用水煮咖啡果制成的饮料能有效提神解渴。

多年以后，在一次偶然的山火中，咖啡树林被烧毁，人们心疼地在咖啡树林中捡回被山火烧焦的咖啡果实。当人们砸开被烧焦的咖啡果实时，竟发现醇厚的香气扑面而来。他们尝试着用水冲泡这些砸碎的烧焦颗粒，又惊喜地发现：冲泡而得的液体香醇可口、令人愉悦。从此，人类对咖啡果实的利用从咖啡生豆时代进入咖啡熟豆时代。

2. 僧侣的传说

相传在1825年，阿拉伯半岛的守护圣徒西库阿·卡尔第有一个弟子名叫西库·奥玛尔。西库·奥玛尔出生在也门摩卡地区的一个贵族家庭，他年轻的时候做过一些荒唐事，犯下了罪行，从摩卡被流放到瓦萨巴大山深处。被流放后，他在山中漫无目的地行走，感到非常饥饿与迷茫。

一天，精疲力尽的他在一棵树下迷迷糊糊地睡着了，睡梦中被一只小鸟清脆的叫声惊醒。他从来没有听过如此悦耳的鸟鸣，仔细一看，小鸟在欢快地啄食枝头上的小红果。他好奇地捡起被小鸟啄下后落在地上的小红果吃起来，发现果子酸甜可口。不一会儿，他就觉得疲惫消失、神清气爽。西库·奥玛尔兴奋地跪在地上，感谢真主的恩赐使他重获新生。他采下一些小红果，遇到生病或精神不振的人时，就用这些神奇的果子煮水给他们喝，不少病人都奇迹般地痊愈了。

因为四处行善帮助他人，西库·奥玛尔渐渐得到很多人的尊重和认同，故乡的人也原谅了他的罪行，让他回到摩卡。他回到摩卡后，继续用小红果子煮水帮助有需要的人，获得了摩卡大多数人的尊重和追随，被推崇为“圣者”，后来成为摩卡地区的酋长。这种小红果子就是今天的咖啡果。

二、 关于咖啡起源的史料

埃塞俄比亚咖啡和也门摩卡咖啡虽有久远的历史，但在这两个地方流传的关于咖啡起源的故事都是传说，不曾有史料记述咖啡出现的年代。

目前所知最早论及咖啡的文献，是公元9世纪波斯名医拉奇（Razi，864—924年）所著的《医学全集》，但由此只能推断咖啡的诞生不会晚于9世纪，至于比9世纪早多久仍无确切的史料证据。不过，加拿大植物学家罗宾森在《恢复抵抗力：培育抗病作物，减少杀虫剂依赖》（*Return to Resistance: Breeding Crops to Reduce Pesticide Dependence*）第21章中，对此问题有精辟分析。他认为，香料贸易（spice trade）兴盛了数百年，于公元476年随着西罗马帝国（公元前27年—公元476年）灭亡而瓦解，但是关于香料贸易的史料却不曾提及咖啡。因此，咖啡的发现年代应在香料贸易瓦解之后，也就是介于公元5世纪至9世纪之间。罗宾森大胆推断：公元7世纪是阿拉比卡种咖啡现身的年代。

至今，在埃塞俄比亚的原始森林里还有许多野生咖啡树。产自埃塞俄比亚西南部的“森林咖啡”就属于野生咖啡树的产物。咖啡树周边围绕着各种各样高大茂盛、自然生长的遮阴树，没有人工施肥和干预，养分由遮阴树的落叶腐殖质及土壤固有矿物质等供给，咖啡鲜果产量低、风味稳定。埃塞俄比亚大部分地区的海拔都在2000米左右，土壤和气候非常适合阿拉比卡种咖啡树生长，这里完美的种植条件和咖啡原生种优势，使得所产咖啡豆的平均质量及价值远超过其他国家产的咖啡豆。

第二节　咖啡的传播与发展

一、咖啡的三大原生种

咖啡的三大原生种为阿拉比卡种（*arabica*）、坎尼佛拉种（*canephora*）和利比里亚种（*liberica*）。

阿拉比卡种在埃塞俄比亚原始森林中被人类发现和利用，风味温和优雅，是精品咖啡主推品种。这种咖啡豆中的咖啡因含量（质量分数，下同）为0.9%～1.5%，商业价值最高，占全球咖啡产销量的70%～80%。

坎尼佛拉种看似陌生，人们对其知之甚少，但原产于非洲中西部的知名咖啡品种“罗布斯塔（Robusta）”就是坎尼佛拉种的属下品种。罗布斯塔种咖啡豆的咖啡因含量为1.8%～4.2%，风味杂、苦味重，是做速溶咖啡和罐装咖啡的主要咖啡原料，产销量占全球咖啡的20%～30%。由于坎尼佛拉种属下的主要品种就是罗布斯塔种，因此在提到咖啡三大原生种时，人们又常用罗布斯塔种代替坎尼佛拉种①。

利比里亚种原产于非洲西部，味重沉闷，在西非、马来西亚、菲律宾、越南和印尼有咖啡爱好者喜欢此味。由于经济价值不高，其产销量仅占全球咖啡的1%～2%。

阿拉比卡种是咖啡属下唯一的四倍体植物（有四套染色体），且为自花传粉，特点是咖啡因低、味谱干净和香醇。其属下知名品种有：铁皮卡（Typica）、帕卡斯（Pacas）、波旁（Bourbon）、尖身波旁（Bourbon Pointu）、新世界（Mundo Novo）、瑰夏（Geisha）、帝汶混血（Tim Tim）、SL34、玛拉哥吉培（Maragogype）、帕卡玛拉（Pacamara）、黄波旁（Yellow Bourbon）、卡杜拉（Caturra）、卡杜阿伊（Catuai）、卡帝汶（Catimor）、SL28等。

二、阿拉比卡种咖啡学名的来源

相传在公元6世纪末，咖啡就被人类发现和利用了，但古埃及、古罗马、古希腊

---

① 本书后续章节中，用罗布斯塔种代替三大原生种中的坎尼佛拉种，二者联系不再赘述。

的史料以及《古兰经》《圣经》都没有提及“咖啡”。直到公元9世纪，波斯名医拉奇才在《医学全集》提到治疗头痛的“布恩（bun）”，这是人类史上最早描述咖啡特性的用语，也是咖啡的古音。埃塞俄比亚至今仍称咖啡为“布纳（buna）”，称咖啡馆为“bunna bet”，“咖啡是我们的面包（buna dabo naw）”更是埃塞俄比亚家喻户晓的古谚语。

欧洲在17世纪中叶才有了咖啡馆；18世纪，荷兰、法国、英国等欧洲国家惊觉咖啡的庞大商机，靠着船坚炮利，强取也门咖啡树，移植到其在印度、印度尼西亚和中美洲的殖民地，开启了世界咖啡种植热潮。然而这种提神醒脑、制造快乐的植物，直至1753年才有举世通用的学名——*Coffea arabica* L.，也就是大家熟悉的阿拉比卡咖啡树。

1753年，瑞典知名植物学家卡尔·林奈（1707—1778年）著书《植物种志》（*Species Plantarum*），首创“二名法”分类系统，为7300种植物命名。林奈误以为咖啡原产于阿拉伯半岛南部，也就是当时欧洲人惯称的“阿拉伯福地（Arabia Felix，即今日的也门）”，就以拉丁文Arabica，即“阿拉伯的”作为种名。*Coffea arabica* L.的中文意为“咖啡属，阿拉伯种，林奈命名”，表示咖啡产自阿拉伯。

三、阿拉比卡种咖啡的传播

阿拉比卡种咖啡源自埃塞俄比亚西南部的咖法（Kaffa）原始森林、苏丹东南的波玛高原（Boma Plateau）以及肯尼亚西北部的原始森林地带已成为各国咖啡研究机构的共识，各国的咖啡研究人员至今仍会到上述原始森林考察野生咖啡树、采摘野生咖啡树果实进行咖啡新品种育苗培植。

那么，人类在埃塞俄比亚原始森林中发现咖啡树、食用咖啡果实后，咖啡树的种子和树苗是怎样流向其他地方，并被种植培育、发展形成各种具有“地域之味”的咖啡的呢？在咖啡经济利益的驱使下，各地有不同的传说和观点，但咖啡品种在全球的传播路径及时间大致如图1-1所示。

公元7—8世纪，东非红海滨的阿克苏姆王国（Kingdom of Aksum），也就是今天的埃塞俄比亚，与阿拉伯半岛的部族发生战争。战斗互有输赢，征战过程中阿克苏姆的官兵或奴隶时常利用咖啡豆进行提神，无意中将埃塞俄比亚高原的咖啡种子带到了也门，因而开启了也门咖啡种植业。

1616年，荷兰商人由也门摩卡运出咖啡树苗，途经的国家有埃塞俄比亚、印度、印度尼西亚、荷兰、法国，之后传播到了中、南美洲各国。

另一条是法属殖民地传播路径：途经的国家和地区有埃塞俄比亚、也门、留尼汪岛（原名波旁岛）、肯尼亚、巴西。

1706—1710 年，荷兰东印度公司总督范宏（Joan van Hoorn）为了炫耀本国在印度尼西亚种植咖啡告捷，将几株爪哇岛培育的铁皮卡咖啡树苗千里迢迢运到阿姆斯特丹，并种在一座温室中，由植物学家精心管护。温室中的咖啡树自花传粉，在 1713 年结出了果实。

1714 年，阿姆斯特丹市长赠给法国国王路易十四一株铁皮卡咖啡树苗，以彰显荷兰在咖啡种植竞赛中的领先地位。路易十四如获至宝，在凡尔赛宫建造温室用于培育这株咖啡树苗。

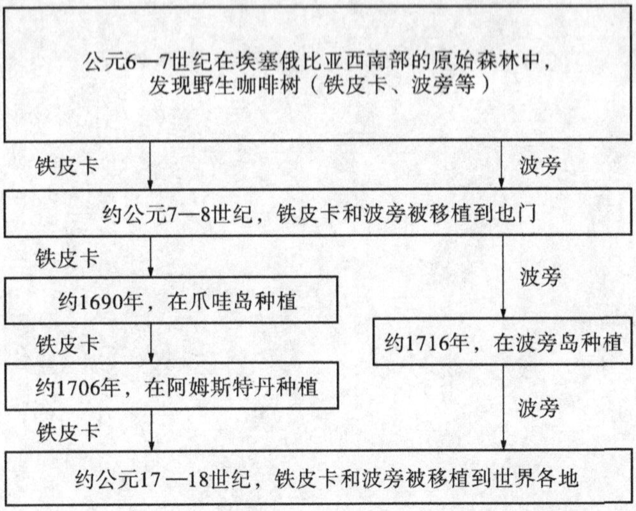

图 1－1　咖啡品种在全球的传播途径（以“铁皮卡”和“波旁”为代表）

1715 年，法国又将温室里的铁皮卡咖啡树苗移栽到其在南美洲的属地圭亚那，使圭亚那成为南美洲最先种植咖啡的地区，开启了南美洲咖啡种植的热潮，促使巴西成为今天的咖啡第一种植大国。

1715—1718 年，法国人将也门咖啡苗移植到马达加斯加以东的属地波旁岛，发觉长出的咖啡豆较为短圆，有别于一般的阿拉比卡咖啡豆，故取名为“波旁圆身豆（Bourbon rond）”，以显示波旁咖啡“王朝”的伟业，这就是今天波旁咖啡品种名称的由来。

1732 年，英国东印度公司紧跟咖啡种植热潮，到也门取得咖啡苗，种植在南大西洋上的圣海伦娜岛。这批咖啡树的形态与波旁相同，顶端嫩叶为翠绿色，豆身椭圆，圣海伦娜岛人至今仍称这批老丛咖啡为“绿顶波旁（green-tipped Bourbon）”。1815—1821 年，法国军事家拿破仑被英国人软禁在该岛。据传其流放圣海伦娜时的唯一乐事就是喝咖啡，原本默默无闻的圣海伦娜咖啡，也因拿破仑死前也要喝一匙而声名大噪。

第二章

咖啡树的生物学基础知识

优质的咖啡离不开优良的咖啡树品种，而要培育优良的咖啡树品种，就需要了解咖啡树本身的植物特性。本章就咖啡树的基本生物学特性、咖啡树的种类和分布、咖啡树对生长环境的要求、咖啡树的种植和咖啡树的主要病虫害等相关生物学基础知识加以介绍。

第一节　咖啡树的基本生物学特性

一、咖啡树的基本植物学特性

咖啡树为茜草科（Rubiaceae）咖啡属（*Coffea*）多年生常绿灌木或小乔木，原产于非洲北部及中部的热带、亚热带地区，耐高温、多雨，是一种园艺性多年生的经济作物，由其果实制成的咖啡被列为世界三大无酒精饮料（咖啡、茶叶和可可）之一。

咖啡树的叶对生，革质，长卵形，颜色亮绿。咖啡树的第一次开花期在树龄3年左右，此后每年约在3月开花。咖啡的花（图2－1）为纯白色，5片花瓣束成管状而呈螺旋排列，花序浓密而成串排列，绽开后发出类似茉莉花的香气，浓香似乳，但不刺鼻。咖啡树的开花受气候的影响很大，其中以雨量、气温的影响最大。咖啡树的生长要求雨量较小；气温低于10℃时咖啡树不开花，13℃以上的气温才有利于其开花。

咖啡树可以多次开花，花朵寿命仅有3～5天，比较短暂。小粒种咖啡花是在清晨3～5点初开，5～7点盛开，开花3～5日之后即会凋谢，几个月后开始结出果实。

果实为核果，直径约1.5 cm，最初呈绿色，后渐渐变黄，成熟后转为鲜红色（图2－2）。成熟的咖啡果外形似樱桃，因此又称为咖啡樱桃（coffee cherry），果肉甜，一般内含一对种子，也就是咖啡豆（coffee beans），此时即可采收。

咖啡树比较耐阴、耐寒，但不耐光、不耐旱、不耐病。咖啡果的果肉富含糖分，可以制糖和制酒精。咖啡花含有香精油，可用于提取高级香料。

二、咖啡果的结构

从咖啡树上摘采下来的果实通常被称作咖啡浆果或咖啡樱桃。咖啡浆果由果皮（外果皮）、果肉（中果皮）、果胶层及带壳豆（包括羊皮层、银皮层和胚）四部分组成，如图2－3所示。

咖啡豆的最外层包裹着类似一般浆果的果皮（skin）和果肉（pulp）。除自然日晒法外，经其他方法处理的咖啡豆在采摘后的几小时内必须去除果皮和果肉。对咖啡豆的生产来说，果皮和果肉是重要的副产品。在某些产地，人们会用咖啡果的果皮和果肉泡茶。业内人士习惯统称咖啡果的果皮和果肉为“果浆”，用来去除果浆的机器则被称为“去浆机”。咖啡浆果的果肉不厚，味道较甜。

果胶层是果浆和种子之间的一层胶状果肉，厚实、有黏性。

带壳豆也称羊皮纸咖啡豆，是指已经处理过但还带有保护层的咖啡种子。正常情况下，每颗果实有两粒带壳豆（平豆），扁平面朝内、弧面朝外，也有少数果实只包含一颗呈椭圆形的带壳豆（圆豆）。带壳豆是咖啡生产国对于咖啡的最主要的储存和运输形态，一般在准备出口前会被送入磨房脱壳。带壳豆由羊皮层（内果皮）、银皮层、胚三部分构成。

羊皮层（parchment）是包裹着咖啡生豆的一层纸状外壳，相当于种子的保护层，能够对咖啡生豆起到较好的保鲜作用。经干燥后，这层薄膜外观酷似羊皮纸，因此得名。品质越好的咖啡，其羊皮层越厚实。

银皮层（silver skin/chaff）是一层附着于生豆上的薄膜（包括中线夹线部分），位于羊皮层与生豆之间，是咖啡豆的最后一层保护膜，由于颜色富有光泽且泛有银色，人们习惯称之为“银皮”。在咖啡豆烘焙过程中，银皮层会松动脱落，但中线处会有部分残留，称作“内银皮”。“胚”即我们常说的咖啡生豆，由胚乳、子叶、胚根及胚轴四部分组成。

除果实内部只含有一粒豆的一荚单粒豆（peaberry，这类豆约占咖啡豆的5%）外，咖啡豆经过干燥和处理之后便可进行烘焙。

三、咖啡树的种植周期及影响因素

1．咖啡树的生长周期

咖啡树是多年生经济作物，从播种、移植幼苗到成木需3～5年的时间，第5～20年为投产期。野生的阿拉比卡种咖啡树可高达7 m，人工栽培时则通常将其修剪保持在2 m左右。一棵咖啡树每年可结3～5 kg咖啡果实，经济寿命为20～30年，一般可将其整个生长周期分为幼苗期（包括种子育苗和苗圃育苗）、幼树期、初产期、盛产期和衰老期5个阶段（图2-4）。

1）幼苗期

幼苗期是指从种子（或插条、嫁接）发芽到苗木出圃（完成苗圃育苗）的一段时期，需要0.5~1.5年的时间。咖啡树种子在播种后，经过30~100天的萌发，子叶开始出土，萌发时间的长度与温度和湿度密切相关。萌发后，须将子叶苗移到营养袋中并移植到温室大棚里才能长成树苗。3~12个月后，待树苗长至40~50 cm高时，才选择比较健康粗壮的树苗移植到农场里。这样的做法较为传统，但能从源头保证咖啡品质。

2）幼树期

幼树期也称营养生长期，是指从定植到投产之前的这段时间，通常为2~3年。这段时间的主要特点是生长旺盛，每年可抽生6~8对分枝，以根、茎、叶生长为中心，地上和地下部分迅速扩展，形成理想的植株结构，为投产做准备。

3）初产期

初产期指开始投产到盛产来临的这段时间，通常为1~2年。这一时期咖啡树开始进入生殖生长期，咖啡树的营养生长旺盛，对养分的需求量很大。咖啡树第一次开花意味着咖啡树开始进入初产期。咖啡花寿命为3~5天，花瓣凋谢后便结出绿色小果，8~13个月后果实成熟变红，成为可采摘的熟果。

4）盛产期

在初产期开始后的1~2年即进入盛产期，以后应每隔8~9年砍一次树的主干，使其重新生长，以便控制树的高度。若管理妥当，咖啡树的盛产期最长可达30年之久。

5）衰老期

在经过多年的盛产期后，咖啡豆每年的产量逐渐下降，至此咖啡树的经济寿命将面临结束，预示着咖啡树进入衰老期，需砍伐衰老的树后重新栽植。咖啡树寿命的长短与气候、土壤、管理水平密切相关，有些百年古咖啡树如今仍可以开花结果。

2. 咖啡树果实的生长周期

咖啡树开花后结出的小果经过8~13个月后成熟，紧接着便进入采收期。由于同一棵咖啡树不同部位的开花时间不完全相同，所以咖啡树的花期、果实发育期和成熟采摘期存在部分重合。

1）开花期

咖啡树一般一年一开花，但地理和气候差异会导致各产地咖啡树的开花次数略有不同。巴西由于没有高山，许多地区气温较高，造成咖啡树有一年多次开花的情况，于是树上常可以见到白花、绿果、红果处于同一枝条的现象。另外，在一些干湿季不明显的国家，如哥伦比亚、肯尼亚，咖啡树一年有两次花期，也就是有大小两次收成，但严格意义上来讲一年只收一次。通常旱季过后的雨天即咖啡树花开的信号，花瓣凋谢以后，会结出一颗颗绿色的小果实。

2）果实发育期

咖啡树从开花授粉到果实成熟一般需要 8 ~ 13 个月的时间，在海拔越高、温度越低的产区，咖啡树果实发育所需时间越长。咖啡果先是绿色，逐渐转成黄色，成熟后变为红色或绛红色。阿拉比卡种咖啡果成熟一般需要 8 ~ 10 个月。罗布斯塔种要靠风力或昆虫传授花粉，因此从授粉到果实成熟要 9 ~ 11 个月时间，比阿拉比卡种要长。若按粒种分类，小粒种咖啡果发育需 8 ~ 10 个月，中粒种咖啡果需 10 ~ 12 个月，大粒种咖啡果需 12 ~ 13个月。

3）成熟采收期

咖啡果实成熟后要立刻采收。通常同一株树上会出现不同成熟期的果实，同时摘取成熟与未成熟的果实会降低咖啡的品质，因此采收工作是一件既耗时又耗工的事。一般来说，从初期采收到采收完成的时间长达 4 ~ 5 个月。咖啡果采收分为人工采收和机械采收两种方式。目前，人工采收方式的使用仍然非常普遍。人工采收的咖啡品质高，同时人力成本也高。机械采收在生产量大且海拔相对较低的地区普遍使用，所需人员较少，但采收果实的瑕疵多。

第二节　咖啡树的种类

咖啡树属于热带植物，为多年生常绿灌木或乔木，主要分布在赤道两侧。通常情况下，咖啡树原产地的海拔越高，所生产的咖啡豆品质越好。这主要是由于在海拔较高的地区，咖啡树的生长通常比较缓慢，所结的豆的颗粒较小，咖啡酸味较重，质量较好。除了气候，许多其他因素也会影响咖啡的品质，如种植方法、土壤的肥沃度、地势等，特别是降雨量、光照以及生长的纬度等因素。这些因素与不同的咖啡生豆处理方式相结合，造就了世界上不同国家、不同地区所产咖啡在品质和风味方面的多样性。

据统计，世界上咖啡树的种类有500 多种，品种有6000 多个，但能够生产出具有商品价值咖啡豆的仅有阿拉比卡种、罗布斯塔种和利比里亚种，故这三种称为“咖啡三大原生种”。

一、阿拉比卡种

阿拉比卡种咖啡又称作小粒种咖啡，咖啡树一般为小乔木或大灌木，高约 5 m，基部通常多分枝；老枝灰白色，节膨大，幼枝无毛，压扁形。叶薄革质，卵状披针形或披针形，长12～15 cm，宽约6 cm，顶端长渐尖，渐尖部分长10～15 mm，基部楔形或微钝，罕有圆形，全缘或呈浅波形，两面无毛，下面脉腋内有或无小窝孔；中脉在叶片两面均凸起，侧脉每边7～13条；叶柄长8～15 mm；托叶阔三角形，生于幼枝上部的顶端为锥状长尖或芒尖，生于老枝上的顶端常为突尖，长3～6 mm。

数个聚伞花序簇生于叶腋内，每个花序有花2～5朵，无总花梗或具极短总花梗；花芳香，有长0.5～1 mm的花梗；苞片基部多为少合生，二型，其中2枚阔三角形，长和宽几近相等，另2枚披针形，长为宽的2倍；萼管管形，长2.5～3 mm，萼檐截平或具5小齿；花冠白色，长度因品种而异，一般长10～18 mm，顶部常5裂，罕有4或6裂，裂片常长于花冠管，顶端常钝；花药伸出冠管外，长6～8 mm；花柱长12～14 mm，柱头2裂，长3～4 mm。浆果成熟时为阔椭圆形，红色，长12～16 mm，直径10～12 mm，外果皮硬膜质，中果皮肉质，有甜味；种子背面凸起，腹面平坦，有纵槽，长8～10 mm，直径5～7 mm。花期为每年3—4月。

阿拉比卡种生长在热带温度较低的高海拔地区，对干燥、霜害、病虫害抵抗力较弱，特别不耐咖啡树的天敌——叶锈病，种植难度较大，产量占世界咖啡产量的60%以上。阿拉比卡种的咖啡豆细长且扁平，中央线呈S形，咖啡因含量（质量分数，下同）通常为0.9%～1.5%。阿拉比卡种咖啡风味优雅，是原生种中唯一能够直接饮用的咖啡，同时也是精品咖啡的主力。一般来说，质量较好、较昂贵的咖啡豆，皆是来自于阿拉比卡种的咖啡豆，如世界著名的夏威夷科纳、牙买加蓝山与也门摩卡等。

阿拉比卡种咖啡豆主要产地为南美洲（不包括阿根廷及巴西部分区域）、中美洲、非洲（肯尼亚、埃塞俄比亚等地，主要是东非各国）、亚洲（包括也门、印度等）、大洋洲（巴布亚新几内亚的部分区域），在我国的福建、台湾、广东、海南、广西、四川、贵州和云南也有栽培。阿拉比卡种的咖啡树适合种于日夜温差大的高山上，以及湿度低、排水良好的土壤中；理想的海拔为500～2000 m，海拔愈高，品质愈好。但由于抗病虫害的能力较弱，故种植难度大于罗布斯塔种的咖啡树。

二、 罗布斯塔种

罗布斯塔种咖啡也称中粒种咖啡，原产于非洲刚果，生长在高温多湿的低海拔地带，与阿拉比卡种相比，有更强的抗病力，耐叶锈病，易栽培，产量占世界咖啡产量的20%～30%。罗布斯塔种的咖啡豆较浑圆，中央线呈C形，咖啡因含量通常为1.8%～4.2%。

罗布斯塔种咖啡树为小乔木或灌木，高约10 m；侧枝长下垂，基部平滑，表皮灰白色，嫩枝无毛，压扁形。叶厚纸质，椭圆形，卵状长圆形或披针形，长 20 ~ 30 cm，宽 10 ~ 12 cm，顶端急尖，渐尖部分长 10 ~ 18 mm，基部楔形，有时稍钝，全缘或呈浅波形，两面无毛，下面脉腋内无小窝孔或具无丛毛的窝孔；侧脉每边 10 ~ 12 条，略开展，小脉网状，明显；叶柄粗壮，长 10 ~ 20 mm；托叶三角形，长 7 mm，初时基部合生，顶端锐尖，生于老枝上的阔三角形。

聚伞花序 1 ~ 3 个，簇生于叶腋内，每个聚伞花序有花 3 ~ 6 朵，具极短的总花梗；苞片基部稍合生，二型，其中 2 枚阔三角形，长和宽几近相等，另 2 枚则为披针形或长圆形，长约为宽的 3 倍，花后增大；萼管短管形，萼檐顶部截平或具不明显的小齿；花冠白色，罕有浅红色，长 20 ~ 26 mm，冠管在花蕾时较短，盛开时延长，顶部 5 ~ 7 裂，很少 4 或 8 裂；花丝短，花药伸出花冠管外，长 8 ~ 10 mm；花柱突出，长 12 ~ 17 mm，柱头 2 裂，长约 6 mm。浆果近球形，长和直径近相等，为 10 ~ 12 mm，顶端冠以隆起的花盘，外果皮薄，有 2 条纵槽和极纤细的纵条纹；种子背面隆起，腹面平坦，长 9 ~ 11 mm，宽 7 ~ 9 mm。花期为每年 4—6 月。

罗布斯塔种咖啡口味较苦涩，风味粗糙，不可单独饮用，一般被用于速溶、罐装、液体咖啡等工业生产咖啡上。罗布斯塔种的主要生产国是印度尼西亚、越南及以科特迪瓦、阿尔及利亚、安哥拉为中心的西非各国，我国的广东、海南、云南等地有引种。近年来越南更致力于跻身主要咖啡生产国的行列，并将咖啡生产列入国家政策中（越南也生产部分阿拉比卡种咖啡）。

罗布斯塔种咖啡树适合种植于海拔 500 m 以下的低地，对外部环境的适应性极强，能够抵抗恶劣气候，抗拒病虫侵害，在整地、除草、剪枝时也不需要太多人工照顾，种植时可以任其在野外生长，是一种容易栽培的咖啡树。

三、 利比里亚种

利比里亚种咖啡又称作大粒种咖啡。非洲西部为利比里亚种咖啡树的原产地，现在除非洲西部外，亚洲的马来西亚等少数几个国家也有种植，我国广东、海南和云南也有栽培。

利比里亚种咖啡树为小乔木或大灌木，高约 15 m；枝开展。叶薄革质，椭圆形、倒卵状椭圆形或披针形，顶端阔急尖，基部阔楔尖，全缘，两面无毛，下面脉腋有小窝孔，窝孔内具短丛毛；侧脉每边 8 ~ 10 条；叶柄粗壮；托叶基部合生，阔三角形，顶端钝，罕有凸尖。聚伞花序短小，2 至数个簇生于叶腋或在老枝的叶痕上，有极短的总花梗；苞片合生，二型，通常 2 枚阔卵形，顶端截平，花未见。浆果大，阔椭圆形，成熟时鲜红色，顶端冠以宽 4 ~ 7 mm、凸起的花盘；种子长圆形，直径约 10 mm，平滑。花期为每年 1—5 月。

这种树对生长条件要求不高，对高温或低温、潮湿或干燥等各种环境皆有很强的适应能力，唯独不耐叶锈病，风味又较阿拉比卡种差。它的栽培历史比其他两种咖啡树稍短，利比里亚咖啡树适合种植于低地，树干又高又壮，树叶大而坚韧，果实和咖啡豆也很大。

利比里亚种咖啡的种皮紧贴种仁，成熟时为朱红色。咖啡因含量中等，刺激性强，饮用时风味浓烈，品质较差。由于它的味道比较独特，需求量低，栽培面积较小，所以生产量也少，不到全世界咖啡产量的 2%。根据国际咖啡组织（International Coffee Organization，ICO）的统计，扣除咖啡生产国国内交易的部分，在世界市场流通的咖啡中，约 65% 为阿拉比卡种，35% 为罗布斯塔种，而利比里亚种咖啡仅在西非部分国家（如利比亚、科特迪瓦等）国内交易买卖，或者栽种来供研究使用。图 2－5 为三大咖啡原生种咖啡豆的外形比较，表2－1 为三大咖啡原生种的植物学特性。

表 2－1　三大咖啡原生种的植物学特性

品种名	阿拉比卡种	罗布斯塔种	利比里亚种
品质	风味与香气品质俱佳	品质较差，有苦涩味，风味粗糙	苦味浓重，品质最差
口味，香气	优质的香味与酸味	香味似炒过的麦子，酸味不明显	重苦味
咖啡豆形状	扁平、椭圆形	较阿拉比卡圆	汤勺状
栽培地海拔	高海拔（500～2000 m）	低海拔（500 m 以下）	低海拔（约 200 m）
树高/m	约 5	约 10	约 15
树形	伞形	圆形	圆锥形
叶长/cm	12～15	≥20	≥30
叶宽/cm	6	≥10	≥10
适宜温度	不耐低温、高温	耐高温	耐低温、高温
适宜雨量	不耐多雨、少雨	耐多雨	不耐多雨、少雨
结果期	约 3 年	约 3 年	约 5 年
原产地	埃塞俄比亚	非洲	利比里亚
占世界产量比例/%	70～80	20～30	<2

第三节 咖啡树对生长环境的要求

一、 气候及地理条件

气候是咖啡树种植的决定性因素，咖啡树作为一种热带作物，能适应高温，但其对气候环境相对挑剔，只适合生长在热带或亚热带。因此，南北纬25°之间的地带最适合栽植咖啡树，故一般将这一地带称为“咖啡带”或“咖啡区”（coffee belt/coffee zone）。

然而，并非所有位于“咖啡带”内的土地都能培育出优良的咖啡树，还要配合其他环境因素。咖啡树虽属热带植物，但不耐酷热潮湿的环境，也不能全天日晒。咖啡树大多种植于排水良好的山坡地，因为山坡地除了温度合适，日照时数也相对平地较短。因此，非洲虽有大部分地区位于咖啡带内，却不是咖啡豆产量最大的产区。在全世界咖啡豆产量中，亚洲占32%，非洲占12%，中美洲占13%，南美洲占43%。

目前，世界上有70多个国家在种植咖啡树，都位于以赤道为中心、南北纬25°之间的“咖啡带”。其中，十大咖啡生产国——巴西、越南、印度尼西亚、哥伦比亚、印度、埃塞俄比亚、秘鲁、危地马拉、墨西哥和洪都拉斯的产量占世界总产量的97%，且优质咖啡也主要来自这十大生产国。

近年来，全球咖啡市场处于稳步增长态势。根据国际咖啡组织的统计，2017年全球咖啡生产总量为958万吨，同比增长1.2%，略有上涨；而消费总量为934.8万吨，同比下滑1.3%，略有下滑。巴西和越南依然是全球咖啡生产和出口量最大的两个国家，其次为哥伦比亚和印度尼西亚。消费则主要集中在欧、美、日等经济发达国家和地区。

咖啡种植之所以能迅速从发源地向其他地区扩展，与其对生长条件的适应性密切相关。一般认为影响咖啡树生长的气候及地理因素主要有以下四点。

1. 海拔和温度

咖啡树栽培区域的海拔大都为200~2000 m，一般低洼地不适宜栽种咖啡树。海拔高的地区咖啡树生长缓慢，品质较高。咖啡树只适合生长在热带或亚热带，温度以20℃左右最为适宜。

以阿拉比卡种咖啡树为例，这种咖啡树相对较耐寒，喜温凉气候，主要生长在海拔600~2000 m的地方，平均温度要求在18~25℃以内，温度高于30℃或低于13℃都不利于咖啡树的生长。

罗布斯塔种咖啡树比阿拉比卡种更健壮，可以耐受更高的温度，在26℃左右时，这种咖啡树会生长得非常好；但当空气湿度过低时，罗布斯塔种也会特别的敏感。罗布斯塔种一般生长在海拔低于500 m的地区，比阿拉比卡种要低一些。

2. 降雨量

咖啡树生长所需的年降雨量至少为1250 mm，最好为1500～2000 mm，且分布均匀。同时，降雨量要能配合咖啡树生长的周期，一般开花期要求雨量少，开花关键期如遇暴雨会导致产量的减少；果实发育期雨量要多，特别在小果发育期，一定的降雨量有利于咖啡树的生长发育；收获期则须干燥，因为收获期间的降雨会刺激果树不合时宜地开花，导致采收困难并影响来年的收成。

3. 光照

咖啡树所需年均日照时长一般在1900～2200 h。咖啡树不耐强光，光照过强会导致咖啡树生长受到抑制；但荫蔽过度、枝叶太长会导致咖啡树花果稀少、产量降低。

因此，咖啡树既需要充足的光照来保证果实的生长发育，又需要适当的荫蔽以免生长受到抑制，故常与香蕉树或芒果树等一同间错种植。

二、土壤条件

土壤是咖啡树栽培的重要条件之一，咖啡树在富含氮、磷、钾的土壤中生长得最茂盛。土壤对咖啡豆的品质有很大的影响，如种植在偏酸性土壤上的咖啡，其酸味也会较强烈。咖啡树根系发达，吸收根分布浅，要求土壤疏松、肥沃、排水良好。

土质对咖啡的味道也会有微妙的影响，如富含有机质的肥沃火山灰岩层土壤，土壤中的养分会被咖啡树的根系吸收，而酝酿出不同风味的咖啡豆。危地马拉的安提瓜所产的咖啡豆就会有一股火山灰的香味。巴西里约热内卢地区的土壤含有碘味，所生产的咖啡豆中会含有大量的碘风味，这种味道被当地人称为麻布味，不被人喜欢。

第四节　咖啡树的种植

咖啡树的种植包括从播种、育苗和移栽到最终长出咖啡浆果的整个过程，整个栽培过程大概需要3年的时间，本节就咖啡树种植的相关知识加以介绍。根据育苗方式的不同，常见的咖啡树种植方式主要有选种育苗、嫁接育苗和扦插育苗三种。

一、 咖啡树的选种与育苗

1. 选种

优良的品种是获得优质咖啡豆的前提。在确定好适合当地种植条件的咖啡树品种后，首先要从咖啡树园中选择优良的种子。在树园中，一般选取结果期3年以上、植株壮实、产量高且无病虫害或病虫害较轻的咖啡树作为采种母树。在植株的采收中期，摘取成熟饱满且内含2粒种子的咖啡果实。

采收后先对果实进行脱皮处理，而后通过浮选去除空瘪粒，再放入器具中自然发酵24~26 h以去除咖啡果中的果胶。将果胶洗去后，风干种子（该操作应避免日晒以免影响种子发芽率），摊晾1~2天后可以进行播种与催芽。

2. 播种催芽

咖啡树的播种催芽时间应根据用苗的时间来确定。对于当年定植的情况，最佳的催芽时间为前一年的11月至当年的1月；对于隔年定植的情况，最佳的催芽时间是2月到3月。

催芽时，选择筑沙床的方式，地点则选择平坦的生荒地或多年休闲的轮歇地，并应具备良好的灌溉条件。在常温或40~45℃的水中浸泡种子24~36 h，而后取出种子沥干，播种前拌上多菌灵等杀菌剂。每平方米的播种量约为0.5 kg，用木板把种子压入沙中，取下木板，再在表面盖上厚度约2 cm的沙子，覆上厚5~10 cm的干草。第一次浇水需润湿深度10~20 cm的土层。

在后续的管理中，应对催芽床适时淋水、调节温度、防治病虫害等。对于当年定植的情况，由于催芽时气温较低，需搭盖育苗棚来保温。当有10%左右的幼苗冒出地面时，去除覆草。为了避免温度太高伤害幼苗，应适时移除塑料布，并在幼苗上方搭盖遮阴网。

3. 营养袋育苗

咖啡树自播种至子叶完全伸展约需100天，不仅需要适时浇水，在咖啡树苗出土后还应及时防治可能出现的立枯病，方法为喷施稀释800倍的多菌灵或甲基托布津，并注意防治虫害。若要开展规模性的营养袋育苗，首先要进行苗床、道路、肥池、供水等设施的规划。

基质配比方面，以普钙、有机肥和表土的配比为3∶37∶60为宜。放置营养袋时，一般做成宽1~1.2 m的墒面，2个墒面之间隔开0.5 m。子叶完全伸展后，可将幼苗移栽到营养袋中。阴天是移苗的最佳时机，若是晴天则可选择在清晨或傍晚进行移苗。

移苗前一天，需给营养袋的土与苗床淋足水，以免移栽中伤根，并用尖木棍在营养袋中间插出直径1.5~2 cm、深度10 cm的孔穴。移苗时，尽量使根系垂直进入孔穴中，根系太长时，需剪去一部分，然后填土压实，最后淋上定根水。

4. 苗期管理

咖啡树移苗后，需注意水肥管理，干旱季节每天清晨或傍晚浇水1次。在封行前需做好杂草的防除工作。对于春季定植的幼苗，为防止徒长，一般不追肥。对于提前定植及长势偏弱的幼苗，可施用人畜粪尿作追肥，方法为加入5倍体积的水进行稀释后再使用；也可用尿素作追肥，根据幼苗的生长状况决定追肥的施用次数，一般建议施用2~3次以促生长。

进入冬季以前，可在叶面喷施0.3%的磷酸二氢钾溶液以提高耐寒性。苗木长大后，为提高定植的成功率，可在出圃前1~2个月将荫棚拆除，让苗木提前适应全光照环境。

5. 苗木出圃

对于当年定植的幼苗，当长至有4~6对真叶、高度达15~20 cm、茎杆粗达0.3 cm左右时就可以出圃；对于隔年定植的苗木，当长至有6~8对真叶、高度达30~50 cm、茎杆粗达0.5 cm左右，且无弯曲根等问题时可以出圃。

出圃时，不同品种、不同苗龄的幼苗要分类出圃并分片种植。长势较弱或根系弯曲的幼苗不能出圃。为促进养分累积及定植后的生长，可在苗木出圃前施1次0.1%的尿素水溶液。出圃前半个月，需对植株叶片进行修剪，对中下层的叶片，每片叶子均剪去1/2~2/3，以减少定植后的蒸腾失水，提高定植的成活率。

二、咖啡树的嫁接育苗

嫁接育苗（grafting seedling）是指将准备繁殖的具有优良性状的植物体营养器官，接在另一株有根植物的茎（或枝、根）上，使两者愈合生长，形成新的独立植株的方法。嫁接所用的优良植物体营养器官叫接穗，接受接穗的有根植物叫砧木，用嫁接的方法培育出的苗木叫嫁接苗。嫁接苗的砧穗组合常以“穗/砧”表示。嫁接具有促进植株水分和养分利用、提高品质、增加产量等优势。

种间嫁接和种内嫁接是咖啡树嫁接的2种主要方式。目前，在小粒种咖啡树与中粒种咖啡树嫁接中应用较广泛的是种内嫁接。近年来，国内外陆续有咖啡树种间嫁接相关研究的报道，种间嫁接中接穗和砧木之间的关系比种内嫁接的要复杂，通常会出现接穗对砧木的根系生长不利以及嫁接苗的抗性不强的情况。此外，砧木还会影响树形、矿物质代谢、开花、坐果、果实成熟时间、果实产量和品质。

一些砧木和接穗的组合比自根苗长势要弱。Paula 等人的研究表明，与自根苗相比，种间嫁接的田间苗的气孔导度和最大净光合速率均较小；另外，在供应不同水分的情况下，种间嫁接的田间苗生长量偏低。闫林等用中粒种咖啡树 26 号和小粒种咖啡树卡蒂莫作接穗，中粒种咖啡树作砧木，进行了不同的组合试验，结果表明：种间亲缘关系越远，所嫁接的苗长势越差，无法充分发挥砧木根系优势；亲缘关系越近，嫁接后的植株长势越好，适合在生产上推广。

目前，种间嫁接还处于研究可行性的探索中，而种内嫁接技术则相对成熟，下面就中粒和小粒咖啡树的嫁接技术加以介绍。

1. 中粒种咖啡树嫁接育苗技术

1）芽接时间

咖啡树的芽接要避免在阴雨、低温、高温等天气下进行。我国中粒种咖啡树主要分布在海南，3—4 月和 9—11 月是海南省开展咖啡树芽接的适宜月份，在此期间开展芽接的植株成活率一般在 90% 以上。

2）芽条准备

选择粗壮、芽点饱满、节间短、绿色、无木栓化的直生枝作为获得芽条的材料。一般选取 7 月龄高产无性系咖啡树健壮的直生枝，取芽条的具体部位为顶芽下方的第 2 ~ 5 节，将一分枝和叶片剪下，留下叶柄。

3）芽接方法

将准备好的芽条剪成 3 ~ 4 cm 的小段，剪取时，上端距离芽点 1 cm 左右，下端距离芽点 2 ~ 3 cm。然后将端头削平，自上而下将芽条纵向剖开，分成 2 个芽片，将剖面修理平整，末端削出 45°斜面。砧木选择 1 年生的实生苗，用腹接的方式，在离地 5 ~ 10 cm 处找一处较为平直的枝干，削出一个长方形的平滑开口，开口的大小以稍大于芽片为宜，深度要到达木质部。而后将芽片放入开口中，注意芽片和砧木的形成层要对正，再用嫁接膜自下往上作覆瓦状绑扎，绑扎时也应保持芽片与砧木形成层对齐。

4）嫁接后苗木管理

解绑与剪砧：月均温度高于 25℃时，芽接之后 30 天左右可割开嫁接膜；月均温度低于 25℃时，芽接后 45 天左右割开嫁接膜。此时只需将芽点部位的嫁接膜割开，待芽点完全萌发后，方可完全拆除嫁接膜。而后需将砧木截去，方法为在芽接口上方 2 ~ 3 cm处将砧木截除。

嫁接后要注意对细菌性叶斑病、褐斑病、炭疽病等咖啡树常见病害的防治，一般每隔 7 ~ 10 天，用 0.5% 波尔多液、多菌灵 600 倍液或灭菌威 500 倍液喷洒 1 次。对砧木上发出的芽要及时抹除。当苗长至高 30 cm 左右、茎粗大于 0.7 cm、真叶长出 4 ~ 5 对时，即可出圃进行定植工作。中粒种咖啡树芽接苗的质量标准如表 2 – 2 所示。

表 2 – 2　中粒种咖啡树芽接苗的质量标准

级别	一级	二级
苗高/cm	≥30	25 ~ 30
茎粗/cm	≥0.9	0.7 ~ 0.9
砧段长度/cm	≤8	≤8
分枝数量/对	1 ~ 2	0 ~ 1
叶片数/对	5 ~ 7	3 ~ 5
生长情况	生长健壮，叶色绿，无病虫害	
接口及砧木剪口愈合情况	嫁接口发育均匀，皮平滑，没有茎部肿大、粗皮、解绑过迟致薄膜带绞缢等不良情况，剪口环状愈合或完全愈合	

2. 小粒种咖啡树嫁接育苗技术

1） 嫁接时期

小粒种咖啡树的嫁接，以在2—4 月、日平均气温稳定在20℃以上时为宜，此时嫁接的咖啡树苗易成活，树体生长快，利于早投产。

2） 接穗选择

选择接穗时，必须用直生枝（不可用侧枝）顶部未木栓化的绿色嫩茎。接穗长度 5 cm 左右，有 1 个节。砧木宜选用树体健壮、树龄 10 年以上、有 1 ~ 5 个生长主杆（木栓化的直生枝）的植株，切除地面 30 cm 以上部分，留下 1 ~ 3 个生长主杆用作砧木。为保证枝条的新鲜，远距离运输接穗时要用清洁的湿毛巾包裹，若一次嫁接苗数较多，要将待用的接穗放在阴凉处并注意保湿。

3） 嫁接部位和方法

多采用切接的方式，在砧木上方靠近木质部的部位，自上而下切出一个长度为 2 cm 左右的嫁接口，下端削成 45°斜面，插入嫁接口时注意使砧木和接穗的形成层对齐，而后用嫁接膜自下往上呈覆瓦状捆绑。

4） 嫁接后的管理

为防止蚂蚁对嫁接膜的啃噬，绑扎嫁接膜后，应用白虫净粉剂对接穗口的主干和嫁接膜进行喷施。20 ~ 25 天后检查接穗的成活情况，若芽已萌发但未破膜，宜用牙签等尖锐物挑破膜；对未成活的要及时进行补接。栽植成活后，每个接穗留 1 个直生枝为宜，待接穗长至20 cm以上时应拆除嫁接膜。拆除后，砧木不定芽会大量萌发，易与接穗芽产生养分竞争，要注意及时清除。

日常管理中，需根据土壤墒情及时灌水。在3月、6月和9月，按照每株150 g的用量施用复合肥；在9月需按照每株500 ~ 1000 g的用量增施有机肥（牛粪、油枯、鸡粪等）。日常还要注意中耕除草等，以利咖啡树生长。

栽培上，应用此类嫁接方法的咖啡树植株与同期栽培的普通咖啡树植株相比，生长更加迅速，产量相对较高，在对低产咖啡树种植园改造时可采用此种方式。但这种方法的不足之处在于咖啡树顶梢穗较短，每株咖啡树仅能取到2 ~ 3节接穗，因此大面积改造咖啡树园时往往面临接穗不足的问题。此外，嫁接的咖啡树园对水分的需求更高，具备良好灌溉条件的嫁接园植株成活率可达到80%以上，干旱区域的成活率一般在70%以下。

三、 咖啡树的扦插育苗

扦插育苗是指从植物母体上切取一部分茎、根或叶，在适宜的环境条件下促使其成为独立的新植株的育苗方法。这个方法的优点是可以保持母株的优良基因，不像播种繁殖那样会产生变异，而且苗木生长迅速。缺点是扦插苗的根系发育较弱，寿命较短。

1. 中粒种咖啡树扦插育苗技术

中粒种咖啡属异花授粉作物，种子育苗苗木变异大，低产树在实生树群体中占有相当大的比例。因此，无性繁殖是中粒种咖啡树苗繁育的主要方法。闫林等通过试验，得出中粒种咖啡树扦插生根的最佳基质条件：用200 mg/L的萘乙酸（NAA）溶液对插条进行处理1.5 h后，扦插在河沙和椰糠（体积比1：1）混合而成的基质上。其整个流程的具体操作过程如下。

1）选材

在春秋季，选取健壮、未木栓化的绿色直生枝，削去顶芽，再将顶芽下第2 ~ 3段的枝条剪下，修剪成8 ~ 10 cm长、带1对叶片的枝条，留下的叶片修剪为6 ~ 8 cm宽。将芽点上方1 ~ 2 cm处切成平口，而后自上往下将枝条纵向剖开，成为2个插条，下端修成45°斜面，用200 mg/L的NAA溶液浸泡1.5 h后待用。

2）扦插方法

苗床需建在荫蔽度为80% ~ 90%的荫棚内，扦插苗床长500 cm、宽120 cm、高20 cm，基质为1/2河沙 + 1/2椰糠。苗床厚度为15 cm左右。在扦插前数天，需对苗床进行消毒，方法为喷施多菌灵600倍液。扦插时，用棍子在苗床上打孔，放入插条，深度埋到叶节处。插条无固定株距，以叶片不彼此遮蔽为准，行距10～15 cm，扦插后淋水。

3）扦插后的管理

为确保扦插苗生长所需的温度和湿度，苗床上方需覆一层塑料膜，扦插苗生长的适宜环境为湿度85%左右，温度25～28℃。扦插后，注意日常浇水和预防病虫害。保持适宜的湿度，湿度过高，插条容易腐烂且引发病害；湿度过低，将影响插条的成活。扦插后喷洒多菌灵600倍液防病，扦插后期需做好通风处理。

插条扦插3个月后即可移栽，基质为过磷酸钙、表土、牲畜粪便以体积比0.2：7：3混合配制而成。

移栽2个月后可降低荫蔽度至50%～60%，每隔10～15天施水肥1次。施肥后要浇1次水，以将嫩芽和叶片上的肥料洗净。

移栽9～10个月后，早晨和晚上可打开遮阴网，让苗木适应全光照环境，为出圃做准备。

2. 小粒种扦插育苗技术

小粒种咖啡树为自花授粉植物，变异可能性较小，但也有5%～10%的异花授粉引起的自然变异率，故而种子繁殖方式在保证咖啡树的遗传稳定性方面有一定的局限性。而扦插繁殖可以弥补此类不足，很好地保持咖啡树的遗传特性。

目前，国内关于小粒种扦插的报道较少。李慧敏等通过对小粒种、中粒种、大粒种咖啡树进行扦插研究后发现，生根率最高的是中粒种，其次为小粒种，大粒种咖啡树的生根率最低。

1）选材

在10月选取健壮的母树进行修剪，修剪后水平固定，而后在每节的休眠芽处会生长出垂直向上的徒长枝，即为小粒种咖啡树的直生枝。至次年3月，选择叶片成熟、未木栓化、绿色的直生枝，剪下作为插条，作为插条的直生枝上需有3个节。剪下枝条后，对叶片进行剪切，每片叶切下2/3，保留靠近叶柄的部分，再用多菌灵1000倍液对枝条浸泡0.5～1 min，而后将插条下端修成15°斜面，再在3000 mg/L的NAA溶液中稍浸没3～6 s后即可用于扦插。

2）扦插方法

扦插的基质采用河沙和锯末，以2：1的比例混合，基质厚度约30 cm。扦插前数天应对基质先进行高温灭菌处理。扦插时，先用木棍插出孔穴，再放入插条，扦插深度与插条间距均为5 cm左右，扦插后压实，淋水。

3）扦插后的管理

小粒种扦插苗的管理与中粒种相似，在苗床上方覆膜以保温保湿，苗床安置在荫蔽度为80%～90%的荫棚中，日常注意水分管理和预防病虫害。扦插后100天左右生根，移栽幼苗至营养袋中，并在上方覆膜保湿，在荫蔽度约80%的棚内培养45天左右，待6片新叶发出后，即可按照常规的咖啡树田间管理技术栽培。

以上是常见的几种咖啡树育苗方式，在具体生产实践中，应根据咖啡树的品种特性、当地气候和生态环境等因素采取相应的育苗方式，以提高效率和节省成本。如小粒种咖啡树为自花授粉、自然变异率极小，在其生产上较常应用播种育苗方式，但对于需要严格防止自然变异的情况（如种质保存等），可采取扦插育苗的方式。而中粒咖啡树种为异花授粉，其杂交种子种植的子代性状分离严重，群体变异很大（但同时也为筛选优良子代提供了更多可能），故在实际生产中，通常建议采取扦插、嫁接等方式进行扩繁，以确保品种纯度。相较于种子繁殖，这些方式对技术的要求较高。

四、 育苗方式的发展

除了以上3种育苗方式，国内外在咖啡树的组培快繁方面也开展了部分研究，但由于其对技术、成本等方面有较高的要求，尚未在咖啡树栽培中规模化应用。

目前国内外对咖啡树育苗技术的研究已日趋成熟，所获得的理论成果已越来越多地应用于生产实践，并取得了较好的成绩；但一些技术（嫁接技术、扦插技术）仍然有需要改进的地方，例如嫁接的成活率问题、扦插的生根率问题等。

第五节　咖啡树的主要病虫害

一、 咖啡树生长中的主要病害

1. 咖啡树锈病

咖啡树锈病，也称为咖啡树叶锈病，是咖啡树的主要病害，危害性最大。病原菌有两种：咖啡树驼孢锈菌（*Hemileia vastatrix* Berk. et Br.）引起黄锈病，咖啡树锈菌（*Hemileia coffeicola*）引起灰锈病。被害植株，轻者减产，重者死亡。

咖啡树锈病主要侵害叶片，有时也侵害幼果和嫩枝。叶片被锈病菌侵染后，叶背面最初出现浅黄色水渍状小病斑，病斑周围有浅绿色晕圈。病斑扩大到5～8 mm时，从气孔长出橙黄色粉状孢子堆，病斑逐渐扩大，数个病斑连成不规则形状的大病斑，之后病斑中央干枯变褐色，褐色病斑在叶片两面都可见（图2-6）。

咖啡树锈病是咖啡树病害中最主要的病害，对叶片有很大的危害作用，有时也会危害咖啡树的嫩枝和幼果。中粒种类的咖啡树对锈病有比较强的抵抗力，而小粒种类和大粒种类的咖啡树没有对锈病的抵抗力。在咖啡树叶片感染锈病初期，会有许多浅黄色的斑点出现，且随着病情的加重而呈水渍状逐渐扩大。橙黄色粉状孢子堆会随之出现在叶片的背面，在病斑周围有浅绿色的晕圈出现，而在锈病的后期，病斑会越来越大，甚至连成一片，呈不规则形状。感染锈病的叶片呈现深褐色，并逐渐干枯，直至最后脱落。咖啡树锈病的危害性很强，严重影响咖啡树植株的长势，病情轻微的会导致咖啡树减产，病情严重的会使植株死亡。

2．咖啡树炭疽病

咖啡树炭疽病是一种常见的咖啡树病害，目前国外报道的病原菌有三种：盘长孢状刺盘孢（*Colletotrichum gloeosporioide* Penz.）、咖啡刺盘孢菌（*C. coffeanum* Noack）和咖啡炭疽病原菌（*C. kahawae*）。

咖啡树炭疽病主要发生在咖啡树的叶片、果实和枝条上。叶片感病后，上下表面均有淡褐色病斑。病斑多在叶缘，直径3 mm左右，开始时中心为灰白色，边缘为黄色，后期会完全变成灰色，有同心轮纹排列的黑色小点。枝条感病后产生褐色斑，最后会引起枝条干枯。这个真菌能侵染浆果发育的各个时期，但更常出现在成熟果实上。开始在浆果的一边出现深褐色浅灼伤凹陷斑点，这些斑点延伸和联合，形成部分不规则灼伤区域；果实感病后形成僵果，果肉变硬，紧贴于种豆上，果皮上有紫色病斑，最终整个浆果干瘪，严重时落果。因其对咖啡树浆果危害比较严重，故也称为咖啡树炭疽病浆果病。

3．咖啡树叶斑病

咖啡树叶斑病又称褐斑病，在阴湿天气流行最烈，各种品种的咖啡树都可感染此病。此病主要侵害叶片，受害叶片上会呈现不规则的大病斑，病斑为深褐色或黑色，无轮纹，严重时叶片会凋落。幼苗及幼树特别容易感染，感染后往往会枯萎。

4．咖啡树根腐病

咖啡树根腐病又称褐根病，分布广但发病率不高。此病为害咖啡树的根部，进而影响地上部分生长，使叶片由有光泽的油绿色逐渐变黄绿、暗淡。发病严重时，植株生势显著衰退，叶片逐渐凋萎，下垂变褐色，最后全株死亡。在我国以海南省种植的咖啡树发生此病较多。

5．咖啡线疫病

此病多发生于雨季，中粒种咖啡树较易感染。感病时，树叶背面覆盖着一层灰白色的蜘蛛网状的菌索，后期这些菌索变成黑色，干燥时稍脆而有点闪光，潮湿时变软且易剥离。菌索可蔓延至枝条。叶片被害后变黄，最后变黑色而脱落。有的落叶被菌索悬挂在枝条上。

二、咖啡树生长中的主要虫害

1. 咖啡树虎天牛

咖啡树虎天牛在全球各大咖啡产区均有分布，在我国云南、广西和海南也有发现，是咖啡树的主要害虫之一。咖啡树虎天牛的幼虫为害两年以上的咖啡树干，开始时在形成层与木质部之间蛀食，进而蛀食木质部。被害处呈一条弯曲的隧道，道中填满木屑，对咖啡树的影响很大，轻者使植株萎黄、枯枝、落果，严重者造成整株死亡。

2. 咖啡树黑枝小蠹虫

咖啡树黑枝小蠹虫主要为害中粒种咖啡树，雌成虫蛀害已经结果或即将结果的枝条，被害枝条因水分及营养供应不足，最终导致干枝瘪果，严重影响当年咖啡果实的产量。

3. 咖啡树豹蠹蛾

别称咖啡树豹纹木蠹蛾，分布很广，是常见的咖啡树害虫之一，还为害多种经济作物。它能环蛀 4～5 cm 粗的主干使之断裂。其幼虫在枝干内越冬，常向上蛀食，形成 30～60 cm 长的隧道。幼虫蛀食枝干木质部时，会隔一定距离向外咬 1 排粪孔，多沿髓部向上蛀食，造成折枝或枯萎。

4. 咖啡树绿蚧壳虫

绿蚧壳虫对成年树和幼苗均可为害，为害枝、叶、干、果。叶片受害后发黄，畸形皱缩，并经常诱发大范围的煤烟病，对咖啡树的光合作用及植株生势影响很大。

5. 咖啡树根粉蚧

根粉蚧主要为害根部，初期在根茎附近为害，以后逐渐蔓延至主根、侧根各部，吸食其汁液。此虫靠蚂蚁搬运传播，并与真菌共生。为害后期，真菌在根部形成一串灰褐色瘤包，把虫包裹在其中，使根部发黑腐烂而死亡。为害对象为小粒种。

【拓展阅读】

抗锈病咖啡树种的培育

2014 年，来自全世界的咖啡科学家齐聚在哥伦比亚 Eje Cafetero 地区——这片山坡汇聚了成千上万个小型咖啡农场。在第25届国际咖啡科学与信息协会（Association for Science and Information on Coffee，ASIC）会议上，科学家讨论了一个亟待解决的问题：如何防治咖啡树叶锈病——世界上危害最大的咖啡树病害。叶锈病袭击了拉丁美洲的咖啡树庄园，造成了农民10亿美元的经济损失，并使整个中美洲咖啡产量减少了一半。要解决这个问题，帮助咖啡树抵御真菌是首要任务。

哥伦比亚在培育抗锈病的咖啡树品种方面领先世界。咖啡树叶锈病于19世纪60年代首次在东非被发现，20世纪70年代又在南美洲被发现，当时哥伦比亚的国家咖啡树研究中心Cenicafé已经在开展抗锈病品种培育项目。此后，Cenicafé培育出两个咖啡栽培品种——1980年的Colombia和2005年的Castillo。自1983年起，这些品种成功抵御了叶锈病，并保存了世界级的咖啡特征：高产、大颗粒、味道好。

然而，和药物防治方式不同，一个新咖啡树品种从研究阶段直至进入市场需要大量时间和金钱。Cenicafé遗传改良研究员Hernando Cortina说："我们花了25年才培育出一个新品种。缩短培育时间的方法之一是利用遗传标记评估我们感兴趣的基因。"

在ASIC会议上，Cortina展示了一个囊括Cenicafé所有咖啡树品种的数据库。其中包括了超过600种基因资源，大多原产于埃塞俄比亚。这些基因资源将相关性状特征进行编码，如抗病性和芳香特征。Cortina在培育一种新的抗锈病品种时，可以通过基因方法筛选第一代植物以简化这一过程。如果有一个和抗锈病有关的标记，研究人员将不需要等到在庄园中暴发锈病时再观察该品种是否具有抗病性。但Cortina表示，预算削减限制了这些基因实验："我们仍然需要验证抗锈病基因，一旦发现了关联性，我们就可以开始筛选。"

第三章

咖啡果的采摘及加工

一杯美味的咖啡来源于咖啡豆，而咖啡豆则来源于咖啡果。本章对咖啡果的成熟与采收、咖啡果的采后处理，咖啡豆的分级、挑选与储藏等知识加以介绍。

第一节　咖啡果的成熟与采收

一、咖啡果的成熟

咖啡树的第一次开花期一般在树龄 3 年左右，花瓣会在 3 ~ 5 日内凋谢，果实于花开后 8 ~ 13 个月成熟。果实为核果，直径约 1.5 cm。所有的咖啡浆果一开始都是绿色的，随着日渐成熟，果皮颜色也日益转深。通常成熟果实的果皮颜色是深红色，不过也有些品种是黄色，有时黄色果皮的咖啡树与红色果皮的咖啡树杂交后也会产生橘色果皮的品种。虽然果皮颜色并未被认为与产量相关，但生产者却往往避免种植黄果皮咖啡品种，因为黄色果皮会使成熟度的辨识相对较困难。而红色果皮的果实会从最初的绿色变成黄色再转为红色，因此手工采摘时更容易辨识出成熟果实，如图 3 – 1 所示。

果实的成熟程度与其含糖量多寡有直接关联，而这正是美味咖啡的决定性因素。通常来说，果实含糖量越高，代表咖啡质量越好。但是，不同的生产者可能在不同的果实成熟阶段进行采收，有些咖啡生产者认为混合不同成熟度的果实可以增加咖啡风味的复杂度。当然，所有浆果的成熟度都必须在一定的范围内，不能有任何一颗过熟，以免给咖啡带来让人不愉悦的风味。要保证咖啡的品质，就必须采收最佳成熟度的果实，这是大家公认的影响咖啡品质的关键点，也是咖啡品质的基础，因为后续的加工处理只能保存和发挥品质，却不能改变品质。

一般来说，咖啡在种下的第 4 年左右开始有产出，阿拉比卡种（老品种）产量为 100 kg 左右（咖啡豆），而卡蒂姆则为 300 ~ 400 kg。大多数阿拉比卡咖啡豆的成熟期是 6—8 月，罗布斯塔咖啡豆的成熟期是 9—10 月。在一些干湿季不明显的国家，如哥伦比亚、肯尼亚，虽然咖啡树一年有两次花期，即理论上应有大小两次收成，但实际上一年只采收一次。

二、 咖啡果的采收

1. 咖啡果采收的特点

“采摘最佳成熟度的咖啡果”看起来很简单，但是咖啡树一般种植在海拔较高的坡地，而且同一株树上咖啡果的成熟期也不太一致，这就导致了咖啡果的采收不同于一般农作物，主要有以下三个特点：

（1）同一株咖啡树上同时会有许多不同成熟度的咖啡果。采收者在采收季节，需要多次反复去采收，这就增加了生产成本。

（2）高品质的咖啡必须种在海拔相对较高的地方，很多咖啡树都种在半山腰或者斜坡上，采摘非常辛苦，而且具有一定的危险性。

（3）人工成本高。尽管咖啡果不一定要人工采摘，也可以用机械通过设置振动强度让成熟的咖啡果实落下，但在此过程中总会混入一些不是最佳成熟度的果实或掉落的断枝和树叶，需要后续分离。另外，机械在地势陡峭的地方也很难搬运。所以，虽然机械采收可以降低成本，但它没有得到普及，大多数庄园都是依赖人工采摘。

2. 咖啡果的采收方式

不同地区、不同品种的咖啡的成熟期各不相同，因此，它们收获的时间也各不相同。在赤道以南，如巴西的部分地区和津巴布韦，主要是在4月或5月采收一次，但采收期能持续到8月；在赤道以北，如埃塞俄比亚和中美洲地区，一般在9—11月采收一次。而在位于赤道地区的国家，如乌干达和哥伦比亚，全年都能采收，尤其是那些善于利用各种不同的海拔优势的种植园，在一年中的多数时间里都可以有新收的咖啡果。

采收咖啡果的方式主要分为两种：选择性采收和剥枝采收，这两种方式各有其优缺点。

1）选择性采收

选择性采收是以手摘的方式采收成熟的咖啡果，未熟果实会留在树上，直到下一波收成时采收，而过熟的果实则可以选择留在树上或跟成熟的果实分开采摘。经过数周后，采摘工人会再回到庄园采收成熟的果实，这个程序会一直重复，直到咖啡树已经没有被采收的价值。当一天的采摘工作结束后，工人将收成的果实摊开，把未熟与过熟的果实，或是混入成熟果实中的杂物剔除。

选择性采收的优点：降低未熟果实的比例，可以让咖啡品质较好且较稳定，同一批次处理的咖啡可能价值较高。咖啡的产区常有陡坡，由于是手工采摘咖啡果，咖啡树可以种植在陡坡上，这样可以更有效地利用农场的土地。

选择性采收的缺点：手工采摘需要大量人力，人工成本高；随着人口大量往都市迁移，庄园主、农场主较难请到工人。

2）剥枝采收

选择性采收的替代方法就是剥枝采收，这种方法是用器械或机械采收，将树上所有的咖啡果实剥去。

剥枝采收的优点：需耗费的人力非常少，并可以更快速地完工。

剥枝采收的缺点：剥枝采收会收集到许多不同成熟度的果实，导致未熟果的比例较高，如果不对这些果实进行筛选，会导致生豆呈现不一致的干燥程度，降低咖啡的品质以及价格。为达最佳品质，生产者采收后须使用设备（如筛选机与色选机）来辅助筛选。

3. 咖啡果采收的主要方法

常见的咖啡果采收的主要方法有手摘采收法、摇落法、速剥采收法和机器采收法。

1）手摘采收法

手摘采收法（hand-picking method）是指采收工只采摘成熟果实，不够成熟的果实则等到其成熟后再采摘。葡萄是一串一串地生长，采摘的时候多半是一串串地剪下即可；而咖啡果却是沿着每一枝条一颗颗密密麻麻地分布生长的，而且虽然生长在同一枝条上，每颗果实的成熟期却不同，有的还是青绿色，有的已略微转黄，有的黄红色，有的是完全成熟的鲜红色，有的已呈干枯的深褐色。

因为咖啡果不是同期成熟的，因此在采摘咖啡果时最准确的方法是用人工进行，以人手采摘一颗颗红色或者是黄色的果子，绿色的果子就跳过不摘（图3－2）。工人们必须每天在同样地点检查果实成熟度再摘取，同一枝条上的咖啡果，往往需要耗费几周时间来回采摘，才能全部收成完毕。

2）摇落法

摇落法（shaking down method）是用乱棍击打成熟的果实或者摇晃咖啡树枝，让果实掉落在地上。摇落法比手摘法更容易混入杂质与瑕疵豆，有些产地的豆子还会沾上奇特的异味，可能是因为地面潮湿而让豆子发酵。巴西与埃塞俄比亚等罗布斯塔种咖啡豆的生产国多以此种方式采收。

以摇落法采收的国家，亦多采用自然干燥法精制咖啡豆。咖啡大致上是在春天开花，夏天结果，冬天收成，因此在旱、雨季区分不明显的地方，采收与干燥作业相当困难，遇上雨季，就无法采用自然干燥法。因此咖啡适合种植于旱、雨季分明的地区。

3）速剥采收法

速剥采收法（strip-picking method）是以熟练的手法一次性地将整个枝条上的所有果实快速剥除，就像机械采收那样快速。这种方法同样存在成熟果、未熟果和过熟果混杂的问题，采收之后仍然需要进行筛选。

速剥采收法也可以用器械辅助采收，即利用图3－3所示的采收器械作业。与手工速剥法一样，采收工先将帆布铺在地上，然后通过采收器械的“手指”震动，将所有咖啡果实震到地上的帆布上，收集起来后续处理。

4）机械采收法

机械采收（图3－4）适用于地势较平坦且种植面积大的咖啡园，将采收机械开进整齐划一的咖啡树列中，借助机械震动使咖啡浆果松脱后掉落。这种方法的效率高、成本低。机械采收的最大缺点是难以保证采收质量：咖啡树的枝条上既有成熟果，也有未熟果和过熟果，采收机械无法分辨成熟度，会一并采收。这就需要在采收之后进行分离成熟果、未熟果和过熟果的工序，以及挑除随浆果掉落的断枝与树叶。

机械采收法从1970年代才开始使用，利用震动以及旋转机器的棍子，将咖啡果实全部装进收集篮中。通过调整机器震动速度、旋转速度以及机器通过咖啡树的速度，可以减低采收到未熟果的量。

还有一种方法是先将底部的棍子卸除，采收一遍树顶的果实，因为树顶的果实通常最快成熟；之后再装上棍子来采收树上较低部分的果实。这种采收法使用的重型机器，必须要在非常平坦的地形才能操作。

第二节 咖啡果的采后处理

新鲜采摘的咖啡鲜果，要经过手选或者漂浮法选出成熟度适中、密度较高的鲜果，对过度成熟和未成熟的果实进行分级处理。为了防止霉变，保持咖啡的品质，筛选后需要尽快进行下一个环节——鲜果处理。咖啡果的采后处理主要有两种方式，即水洗筛选（washed processing）和传统日晒（dry processing）。除了这两种常见方法外，还有半水洗法（semi-washed processing）和蜜处理法（honey processing）等。

一、水洗筛选

水洗筛选的大致流程是：先将采收的咖啡果的果皮和果肉除去；再将除去果肉的咖啡果浸泡在一个盛满水的水槽里，经过一定的发酵处理；将发酵过后的咖啡果倒出，再以清水冲洗，然后沥去多余的水分，将得到的咖啡豆放到阳光下晒干或用机器烘干；最后再用咖啡豆专用的脱壳机将壳除去，即得生咖啡豆。

水洗筛选的重点在于咖啡果脱皮后发酵。咖啡果在除去外果皮以后，还会有少许的胶质附在内果皮上，需要利用发酵除去果胶。同时，在发酵过程中，微生物与酶将分解豆子的成分，会产生酸味等风味。水洗法也可以采用干式发酵的方式，即发酵时不浸泡，发酵后再用水洗去果胶质。发酵后的豆子，再以日晒或机器烘干，避免发霉。

经过正确水洗的咖啡豆通常味道较为温和，视环境与发酵情况的不同，可能也会有酒香的风味。由于气温的高低不同，去除胶质的过程需要 12 ~ 30 h。在此过程中，如果掌控不好、经验不足，会导致咖啡豆霉变，产生一股酵臭味，这样的臭味一旦产生，在后续的烘焙中也无法消除，会降低咖啡豆品质。

水洗筛选的步骤如下。

(1) 选豆。将采取的果实放在水槽中浸泡 24 h，成熟的果实会沉下去，未熟和过熟的果实会浮上来，方便去除。

(2) 去果皮（肉）。使用机器将果皮与果肉除去，只剩下包着内果皮的咖啡豆。这时，豆子的外面还有一层果胶。

(3) 发酵。果胶的附着力很强，并不容易去除，所以必须将包着内果皮的咖啡豆放在水中浸泡一段时间，使其发酵并分解黏膜。发酵的方法有两种，即湿式发酵与干式发酵。顾名思义，前者加水，后者不加水。发酵的过程中，咖啡豆内部会产生特殊的变化，因此这是水洗法之中最影响咖啡风味的一个步骤。

(4) 水洗。使用水洗法的农场一定要建造水洗池，并能够提供源源不断的活水。水洗时，将完成发酵的豆子放入池内，来回推移，利用豆子之间的摩擦力与流水的力量将咖啡豆洗到光滑洁净。

(5) 干燥。经过水洗后，咖啡豆还包在内果皮里，含水率达50%，必须加以干燥，使含水率降到12%，否则它们将继续发酵，霉变腐败。较好的处理方法是使用阳光干燥，虽然需要费时 1 ~3 周，但可令咖啡风味特佳，因而受到消费者喜爱。有时因为天气原因或者工作量太大，大型的咖啡处理厂会用机器来进行干燥工作，这样虽可大量缩短处理时间，但其所得的咖啡风味不如利用阳光干燥的咖啡。

(6) 脱壳。完成干燥的豆子便可以放在仓库里储存，或者交给工厂进行脱壳，除去内果皮与银膜。

(7) 分级与挑选。完成脱壳后，无论是水洗式还是日晒式或其他方法处理的咖啡豆，都将会经历分级挑选，用来剔除瑕疵豆，确保较佳的质量。

①分级：脱壳后的咖啡豆进行比较重量、尺寸筛选等各种分等级的程序。通常这

些程序做得越充分，咖啡的品质会越好。

②挑选：这是咖啡豆在包装出口前的最后一个程序。大部分的咖啡豆都会经过人工挑选这一程序，挑选工作做得越仔细，咖啡豆的缺陷豆、瑕疵豆就越少。只有这样的精挑细选才能保证最终咖啡的高品质。

二、 传统日晒

比起水洗筛选，日晒法的加工工序就简单一些：将采收的咖啡果铺在当地的晒场，在阳光下晒 2 ~ 3 周，每天以人工用耙扫过咖啡果数次，让咖啡果可以干燥得比较均匀；当果实晒干之后，咖啡豆会与外皮分开，这时再用脱壳机将干燥的果肉果皮去除即可。

水洗法与传统日晒法各有利弊，但都可以生产出优质的咖啡豆。一般来说，水洗式生产的咖啡豆会有比较鲜明的酸度，生产的品质也较为一致；日晒式的咖啡酸度相对较低，呈现的风味也比较多元化，且由于果胶仍附着在外面，所以咖啡豆会带有果胶的味道。

日晒法的发酵程度会依干燥环境的温湿度条件的不同而有差异。比如，拉丁美洲的巴西南米纳斯产区属热带草原气候区，日照充足，咖啡豆发酵程度较低，风味偏向于坚果调性；而非洲产区则不同，多数咖啡豆发酵程度甚高，充满果香、酒香。此外，使用机械干燥的全果干燥也属于日晒法。

传统日晒法加工的步骤如下。

（1）选豆。将采收的果实放到装水的水槽里，成熟的果实会沉下去，而未熟和过熟的果实则会浮上来。

（2）干燥。将经筛选的成熟果实放在晒场上暴晒 2 ~ 3 周，直至充分干燥为止。这时，果实变成深褐色，含水率约为 13%。

（3）脱壳。干燥后的果皮变得易碎、容易脱落，可用机器除去。企业化经营的农场通常自设脱壳工厂，小农场则交由处理中心代为加工。

（4）挑选与分级。经由人工或机器来辨别瑕疵豆，将它们挑选出来丢弃。人工挑选法通常使用宽约 1 m 的传输带，由坐在两旁的数位工人以目视法挑除不良的豆子；在一些优良的农场里，甚至会反复挑选好几轮，直至看不到瑕疵豆为止。机器挑选法则使用计算机辨别、剔除瑕疵豆。接着是分级的程序，即依照既定的标准将咖啡豆分成若干质量等级，好的咖啡豆进入精选咖啡市场，不好的咖啡豆则流入商业咖啡市场。

（5）磨光装袋。脱壳处理只能除去外果皮与内果皮，这时，银皮层仍然包裹在种子的外层，需使用机器磨去这层薄膜。然后，将咖啡豆装袋，最常见的包装袋是麻布袋（大部分的产国通用的包装规格为每袋 60 kg，少数国家用每袋 70 kg 的规格；一些小庄园接受定制式的生产，所以也会用到每袋 30 kg 的包装规格）。

三、半水洗法

半水洗法结合了日晒法与水洗法的处理方式，先用与水洗法相同的方式将果肉与果皮去除，接下来用干燥法的方式让还附着有果胶的咖啡豆完全干燥，然后将已经干燥的咖啡豆弄湿，用机器将残留的果胶刮除，之后便可以烘干储存了。

因为同时用了两种方法来处理，所以用半水洗法处理而得到的咖啡豆的风味介于日晒法与水洗法之间。其缺点是操作步骤多而繁琐，优点是咖啡豆像采用水洗法处理后一样干净，但又不需要耗费大量的水。半水洗法中影响咖啡豆质量的变量最少，所得咖啡豆酸味比水洗豆低，比日晒豆高；甜味比蜜处理豆低一些，但干净度却比蜜处理豆好，风味介于蜜处理豆与水洗豆之间。

四、蜜处理法

在中美洲，因为用这种方法处理后残留在豆壳上的果肉像蜜般黏稠，咖啡农们将其取名为蜜处理（honey/miel processing）。蜜处理法始于哥斯达黎加，是当地的咖啡农们为了提高咖啡豆的品质而尝试的方法，随后慢慢传播到其他国家。

在哥斯达黎加，几乎全部产区都在使用蜜处理法。这种方法也在整个中美洲广为流传。由于咖啡豆表层黏膜极为黏滑且糖度极高，因此人们通常称之为“蜜”。在蜜处理过程中，咖啡豆在干燥时会留有部分或全部的“蜜”。咖啡果实经采摘、分级和去果肉果皮后，便会被放到干燥床上进行干燥，如图 3－5a 所示。由于黏膜的干燥时间很短，在干燥过程中咖啡豆几乎不会发生发酵。用这种处理方法加工的咖啡豆酸度比水洗法和日晒法要低很多。

1. 蜜处理后的咖啡生豆的色彩分级

蜜处理后的咖啡生豆共有 3 级：黄、红和黑，如图 3－5b 所示。导致颜色出现深浅变化的原因是咖啡豆在干燥过程中光照时间的长短不同。一般情况下，咖啡豆的干燥时间视当地的气候、温度和湿度条件而定。

（1）黄蜜：40% 左右的果胶被去除；干燥方式是最为直接的吸热，接受光照的时间最长，持续暴晒 8 天左右达到水分含量稳定值。

（2）红蜜：25% 左右的果胶被去除；相较于黄蜜，干燥时间更久，阳光直射的时间减少，甚至会用到遮光棚，持续 12 天左右。

（3）黑蜜：保留接近 80% 果胶；干燥用时最久，最少持续 2 周时间，需要用遮盖物，避免阳光太强烈，防止干燥太快，让糖分转化更充分。黑蜜咖啡生豆的处理过程最为复杂，人工成本最高，因此价格最贵。

2. 蜜处理后咖啡生豆的特点

蜜处理的好处在于能最好地保存咖啡熟果的原始甜美风味，令咖啡呈现淡雅的黑糖风味及核果香甜，而浆果风味亦支撑出红酒基调的香气，被认为是非常优雅的出品。

蜜处理与半水洗最大的不同点在于前者滴水不沾，必须挑选无瑕疵的红果，果胶才甜美；且蜜处理法对果胶刨除机的要求更高，必须精准控制果胶刨除的厚薄度，就如磨豆机一样。基本上，“红蜜”的制造过程比“黄蜜”困难得多，但味谱更有深度，入口略带野味，瞬间化为浓郁水果甜香味，恰似耶加雪非知名日晒豆 Biloya 和 Aricha 的精致发酵香味，令人惊艳。

3. 果肉日晒法

在巴西，还有一种与蜜处理法几乎相同的处理方法，叫作果肉日晒法（pulped natural）。果肉日晒法在保证用水量远小于水洗法的同时，减少了咖啡果在传统日晒法中经常会出现的发霉现象。由于一开始就刮去了果皮和部分果肉，包覆在咖啡豆外层的果肉含量比传统日晒法的要少得多，咖啡豆的“透气性”也要好得多，在暴晒下的发酵过程进行得就没有传统日晒法那样猛烈。经果肉日晒法处理后的咖啡风味很像日晒咖啡，口感厚重的同时，酸度较低而甜度较高。

果肉日晒法虽与蜜处理法几乎相同，但却不是完全等同。因为从狭义上讲，果肉日晒法只局限于巴西咖啡，巴西的去皮机器普遍不具备调节去皮口径的功能，默认条件下会刮去大部分果肉，也就是“黄蜜”级。而蜜处理则普遍分布于中美洲精品咖啡产国：哥斯达黎加、萨尔瓦多、洪都拉斯、危地马拉。种类包括黄蜜、红蜜、黑蜜，其质量普遍比注重量产的巴西咖啡要高。这也就是这两个“近义词”的小差别了，但是从宏观以及从方便交流的角度考虑，咖啡界常将蜜处理视为果肉日晒法的同义词。

这个新处理法给巴西带来的改变是巨大的。作为世界上最大的咖啡产国，巴西过去为了压低成本采用传统日晒法，使咖啡质量常遭腐坏威胁。果肉日晒法使巴西出产的商业豆层次大大提升，品质均衡，并带有饼干的小麦香。

那么，为什么传统日晒处理法保留了100%果肉却没有蜜处理法那么甜？

这是因为传统日晒法还保留了果皮，这让微生物的发酵过程并没有那么深入，仍有糖分保留在干燥后的果肉中。当然，每种处理法都有自身的特性，每年的气候也会影响到咖啡的风味，如果想要更深入地了解不同处理方式的风味区别，直接喝是很直观的方式。

4. 黄蜜、红蜜和黑蜜的风味差异

黄蜜、红蜜和黑蜜在风味上有较大的区别。理论上，保留越多果胶的处理方式加工出的咖啡最终风味会越丰富、甜度越高，以下是几款哥斯达黎加的蜜处理咖啡豆的风味对比：

• 火凤凰庄园红蜜咖啡：有果干、香草、蜂蜜风味，口感厚实细致，甜感佳，果酸柔和，圆润饱满，尾韵持久，有李子、红莓、栗子和尾韵强烈的蔗糖甜味，也有苹果皮的清香弥漫出来。

• 叶尔莎罗处理场黄蜜咖啡：有近乎完美的经典风味，在酸感上具有活泼的柑橘风味，有黑莓果类香味，酸质与口感厚实，带瓜类香甜感，口感滑顺，有核果/微花香，而余韵有显著的咖啡花香味，是一款充满拉丁乡村风情的品味咖啡。

• 拉蜜庄园黑蜜咖啡：带有温和果酸、柔和的口感与香甜的优质莓果风味，有非常惊人的甜味和话梅、蜂蜜、红糖尾韵。

此外，还有一种是白蜜咖啡，白蜜处理与黄蜜处理最主要的区别是晾晒厚度。晾晒厚度决定了干燥速度和均匀度，进而影响咖啡的甜度和发酵程度。白蜜相较于黄蜜，晾晒厚度薄，翻动次数多，晾晒用时短。简单总结如下：

• 甜度：黑蜜 > 红蜜 > 黄蜜 > 白蜜。

• 干净度：白蜜 > 黄蜜 > 红蜜 > 黑蜜。

• 平衡感：红蜜/黄蜜 > 黑蜜/白蜜。

5. 蜜处理咖啡的冲煮

所谓的冲煮手法不是为了调节风味，因为风味是由咖啡豆产区、处理方法和烘焙方法决定的。冲煮手法只是通过调节水透过咖啡粉的速度、比例而调节味道释放的多与少。咖啡味道的好坏取决于：水透过咖啡粉的速度（器具的选择）、水的温度、粉的粗细和状态、烘焙度的深浅、闷蒸时间的长短。

蜜处理咖啡的冲煮通常是用手冲式萃取法，粉的粗细和水温可根据烘焙方法的不同而略作调整。对于一人份、15 g 咖啡粉，冲煮条件为：

（1）黄蜜（中度烘焙）：小富士鬼齿磨豆机研磨（刻度 3.5），水温 90～91℃，水粉比 1∶14。

（2）红蜜（中度烘焙）：小富士鬼齿磨豆机研磨（刻度 4），水温 89～90℃，水粉比 1∶15。

（3）黑蜜（中浅度烘焙）：小富士鬼齿磨豆机研磨（刻度 3.5），水温 90～91℃，水粉比 1∶14。

6. 失败的蜜处理咖啡的特点

失败的蜜处理咖啡，会有一种浓烈的瑕疵日晒味，与粗糙日晒的洋葱、榴莲、豆腐乳气味近似，更严重的还会出现酒精药水的味道。正常蜜处理的咖啡，酸味柔和，如果入口过酸，亦非良品。蜜处理咖啡的另一个重点就是新鲜度，如果距离生产期超过10个月，迷人的水果甜香就会流失。

五、 水洗与传统日晒法加工的咖啡生豆差异

水洗与传统日晒法加工的咖啡生豆差异主要体现在以下四个方面。

1. 外观

水洗咖啡豆的含水量为12% ~13%，日晒咖啡豆的含水量则为11% ~12%。外观上看起来，水洗咖啡豆的绿色较深。一般来说，含水量较高的生豆颜色多呈绿色或青色，含水量较少的生豆颜色呈褐色或接近白色。水洗豆因为银皮层已经除去，豆子表面呈现特殊的光泽，而日晒豆大多是脱壳后银皮层仍然保留。

2. 瑕疵豆混杂情况

水洗式生豆要成为产品前需经过多次洗涤，石头等杂质不易混入，瑕疵豆少，较少有需要挑选的豆子，但有时会混入沾上带有发酵味的咖啡豆。水洗式精制法的缺点就是豆子容易有发酵味，而这些豆子在外观上看起来又几乎与正常生豆无异，这点反而使得水洗式精制法比非水洗式精制法更难找出瑕疵豆。

3. 烘焙法

日晒式精制的咖啡豆少有大小不均的情况，相当适合烘焙。且因为日晒法连豆子中心的水分都能去除，后续就可以烘焙出酸味温和、涩味少的豆子。烘焙的最难之处在于酸味与涩味的控制。而水洗式精制法因为干燥期短暂，酸味与涩味都很强烈。有许多方法能够缓和酸味与涩味，如将豆子静置一段时间，或延长烘焙新豆的时间（比日晒式精制的豆子多花1% ~2%的时间）。

4. 商业价值

日晒式咖啡豆的价格普遍低于水洗式咖啡豆，但也有一些处理厂能够生产出高品质的日晒式咖啡豆，如精品级的日晒式耶加雪菲，有着非常高的甜度、浓郁的花果香味与醇厚度，一度颠覆了水洗豆较佳的惯例。当然，这样精致的日晒式豆依然还是少数。而水洗式的咖啡豆酸度较高，味谱干净，香味优雅，因此大部分的精品咖啡豆依然以水洗式为主。

第三节　咖啡豆的分级、挑选与贮存

作为农产品的咖啡豆，由于品种、产地和种植水平的不同，其品质千差万别。为了使品质好的咖啡豆与品质差的咖啡豆能够区分开来，并为后续的咖啡烘焙提供便利，需要对咖啡豆进行分级、挑选，并选择适当的贮存方式。

一、咖啡豆的分级标准

目前，并无国际通行的咖啡品质标准，每个国家的分级方式各不相同。买家从袋中取出样品豆，依各自的国家标准进行判断，针对这些样本做评级，决定其好坏。由于每个国家的分级项目和说明不尽相同，品质标准都依其国内咖啡情况而定，很难确定咖啡的真实品质。但对于咖啡豆的大小，每个国家都会以标准化筛子来评定。大多数咖啡豆出口国会成立或委托一个部门来建立标准，管理和监控咖啡贸易，通过监察人员控管咖啡品质。

为了区分品质好的咖啡豆与品质差的咖啡豆，生产者也需要对咖啡豆进行分级。咖啡豆的分级通常会依据瑕疵率、豆子大小、海拔、生豆密度、处理标准等来进行。但是，因为每个国家的历史背景、贸易利益、气候与地形等各类因素不同，我们不能以统一的标准、相同的瑕疵计算方法，或单纯以海拔来评价咖啡豆的品质，也不能将某国某等级与另一国某等级进行比较，这都是错误而不客观的直接比较。相对客观的方法是综合多种标准来进行描述，而要真正看懂这些英文与数字，我们需要先了解咖啡的分级与分类。

在不同的产国，会有各自习惯使用的分级方式。但基本上来说，最常使用的分级标准如下：

（1）生豆外形的差异，例如：大小、形状、瑕疵比等。

（2）生豆成长的环境及其影响，例如：海拔高度、硬度、土壤条件等。

（3）经过烘焙以后，由杯测品质来判定。

1. 瑕疵豆的比例

咖啡生豆在加工处理过程中常常会产生许多瑕疵豆，例如破损、未成熟的咖啡豆或者咖啡果中混有的木棍、石头和树叶等。瑕疵豆的比例越低，豆子等级越高，通常生产商与店家都会视豆子的状况进行咖啡豆的挑选。埃塞俄比亚的咖啡豆共分为5级——G1～G5，“G”代表Grade。

G1：每 300 g 生豆中的瑕疵豆少于 3 颗；

G2：每 300 g 生豆中的瑕疵豆为 4 ~ 12 颗；

G3：每 300 g 生豆中的瑕疵豆为 13 ~ 25 颗；

G4：每 300 g 生豆中的瑕疵豆为 26 ~ 45 颗；

G5：每 300 g 生豆中的瑕疵豆为 46 颗及以上。

这是最早的分级方法，鉴定的方法是随机抽取 300 g 的样本，放在黑色的纸上，因为黑色的纸最能避免反光；然后由专业鉴定师谨慎地检视，找出样本内的瑕疵豆，并按照瑕疵的种类，累计不同的分数，如图 3 – 6 所示。

按瑕疵率分级的标准有美国标准 USP（US preparation）、欧洲标准 EP（Euro preparation）、极品标准 GP（Gourmet preparation），许多国家都用 USP、EP 与 GP 标准，USP、EP 相对更为常见。欧洲与美国标准主要是针对生豆的瑕疵或豆目来进行具体要求而形成的标准。一般情况而言，EP 的要求高于 USP。

2. *海拔高度与硬度分级*

这样的分级标准主要是因为在高海拔地区生产的咖啡品质一般会比低海拔地区生产的高一些，由于海拔高、温度低，咖啡生产缓慢，有利于风味物质的积累。并且成熟度高的生豆在烘焙时膨胀性好，有利于烘焙，品质也更稳定些。

目前采用此分级标准的咖啡生产国有危地马拉、墨西哥、洪都拉斯、萨尔瓦多等中南美洲国家。以危地马拉为例，最高级的咖啡称为 SHB（strictly hard bean）极硬豆，种植在海拔 1600 ~ 1700 m 的地方；其次为 FHB（fancy hard bean）优硬豆和 HB（hard bean）硬豆；还有 SH（semi-hard bean）半硬豆、EPW（extra prime washed）特优质水洗豆、PW（prime washed）优质水洗豆、EGW（extra good washed）特良质水洗豆、GW（good washed）良质水洗豆，如表 3 – 1 所示。

表 3 – 1　危地马拉咖啡生豆（按海拔分级）

等级	英文及其简称	海拔/m
极硬豆	strictly hard bean（SHB）	1600 ~ 1700
优硬豆	fancy hard bean（FHB）	1500 ~ 1600
硬豆	hard bean（HB）	1200 ~ 1400
半硬豆	semi-hard bean（SH）	1100 ~ 1200
特优质水洗豆	extra prime washed（EPW）	900 ~ 1100
优质水洗豆	prime washed（PW）	600 ~ 900

续上表

等级	英文及其简称	海拔/m
特良质水洗豆	extra good washed（EGW）	700～850
良质水洗豆	good washed（GW）	700

3. 杯测品质分级

巴西虽然是世界上最大的咖啡产国之一，但在中南美洲的各咖啡产国中，巴西的生产海拔偏低，而且地貌平坦，少遮阴树，缺乏微型气候（micro climate），故巴西生产出来的咖啡豆偏软，俗称软豆，口感较其他产区来说，较为平顺。

因此，巴西改为以煮过的咖啡的口感和气味作为衡量的标准，用五个等级来评价，如表3－2所示。

表3－2 咖啡生豆巴西分级

等级	品质
1	极为柔顺（strictly soft）
2	柔顺（soft）
3	稍微柔顺（softish）
4	不顺口（hardish）
5	带有碘呛味（rioy）

二、咖啡豆的挑选

1. 咖啡豆中常见杂质

咖啡生豆中常见的杂质如下。

（1）石头等：在阳光下自然晒干的咖啡豆常混杂小石子、砂砾、木片等异物，偶尔也有玻璃片或硬币等。

（2）谷类：在阳光下自然晒干的咖啡豆可能混入玉米等谷类或种子，偶尔也有胡椒粒等。

（3）瑕疵豆。

常见的瑕疵豆形态如下。

1）贝壳豆、破裂豆

因为干燥不好或发育问题而造成的豆子从中央线处破裂，内侧像贝壳般翻出，变成贝壳状的豆子，称为“贝壳豆”（如图3－7所示）。在处理或运送过程中损伤的豆子，则称为“破裂豆”。两者都会造成烘焙不均匀，进行深度烘焙时容易着火。

特征：贝壳豆有两部分，外部是通常说的“贝壳”形，内部是锥形或柱形。如果贝壳豆的两部分是比较紧密地依附在一起的，就算作1个贝壳豆，如果已经分开就算是2个。大部分贝壳豆在烘焙后都会分离成两部分，而且外边重量较轻的那部分“贝壳”更容易被烤焦。

2）发酵豆

发酵豆主要存在于用水洗法处理的咖啡生豆中，一般是由于咖啡豆在发酵槽中浸泡时间过长，被水污染而形成；有的是因为在仓库里附着了细菌，豆子表面变得斑驳，如图3－8所示。发酵豆从外表不易分辨，在手工分拣时应挑选出来，否则烘豆时会散发怪味。

3）虫蛀豆

咖啡果小蠹等害虫在咖啡树上产卵，孵化后的幼虫啃食咖啡果实形成蛀洞，是造成咖啡浊味或怪味的原因，会使咖啡味道变差，挑选时一定要去除。

特征：虫蛀豆外观上有小孔洞（直径0.3～1.5 mm），而且由于虫子钻进钻出，一般会正反面都有洞（图3－9），严重的虫洞有时会是几个小洞连成一片，而且跟破损豆一样，由于豆体被损坏，在虫蛀的区域很容易被氧化以及感染霉菌。

虫蛀豆分严重虫蛀与轻微虫蛀两类。

• 严重虫蛀：豆体上有3个或多于3个虫洞，当有5个严重虫蛀豆时算一个Ⅰ类缺陷。

• 轻微虫蛀：豆体上有少于3个虫洞，当有10个轻微虫蛀豆时算一个Ⅱ类缺陷。

虫蛀豆会产生脏味、酸味、酚味和霉味等不良风味。

4）发霉豆

因未完全干燥、运送或保存不当，如过于潮湿等，咖啡豆上会长出青色、白色的霉菌，甚至会黏在一起。发霉的豆子即使在烘焙过后仍会残留霉味。

特征：发霉豆（图3－10）的颜色有点类似发酵豆，是黄色或者红褐色。但有一个很明显的区别是，发霉豆会有一个小凹斑，并有些白色的粉末在斑处，这些粉末就是霉菌的孢子，非常容易感染其他生豆。

5）未熟豆

未熟豆（图3－11）是在咖啡果实未成熟时便被采收下来的咖啡豆。咖啡豆中混入未熟豆的原因是咖啡开花期较长导致果实成熟时间不一致，或气候变化导致果实不能成熟。

未熟豆不如好豆那样圆润有光泽，其外观呈微黑色，有时则泛白。混入未熟豆的咖啡会有强烈腥臭和青草味，会破坏整体味道。在生豆状态下有时难以辨识未熟豆，但在烘焙后可利用选别机去除这些泛白的咖啡豆。

特征：未熟豆显著的特征是银皮依附比较紧。未熟豆通常较正常生豆小，豆体内凹，两边缘比较锐利。烘焙后的咖啡熟豆中的未熟豆又叫奎克豆（quaker），奎克豆是浅白色的，这是因为没有完全成熟的咖啡生豆的糖分吸收不充分，所以在烘焙过程中的焦糖化（上色）不充分，导致最终的颜色比正常豆要浅很多。

6）黑豆

黑豆是在采收前就掉落地面、长期与地面接触而发酵变黑的豆，或是完全发酵而受损的豆。黑豆是导致咖啡浊味及腐败臭味的根源，如图3－12所示。

7）死豆

死豆（图3－13）是指非正常结果的豆，会导致咖啡风味偏淡及产生怪味。烘焙后的颜色也不佳，因此烘焙后较容易辨别。

8）臭豆

臭豆（图3－14）是指在附着果肉或果肉去除不完全的状态下干燥而所得的豆。臭豆会释放出碘的气味或土味。

9）羊皮膜豆

羊皮膜豆（图3－15）是因为脱壳不全等原因，残留有内果皮的豆子。羊皮膜豆会导致咖啡出现涩味或杂味。

2. 咖啡豆的挑选

1）挑除瑕疵豆的步骤

（1）取适量的咖啡生豆放入托盘中摊开，用双手食指与中指将托盘上的生豆分成五份，如图3－16所示。对每份的少量咖啡豆进行手选，这样不易遗漏瑕疵豆，也比较容易集中注意力。

（2）目光由右向左移动，挑出瑕疵豆。挑选时不要只盯着豆子的表面看，也要拿起来看它的颜色与形状，不要放过任何一颗。

（3）不断重复同样的步骤，直到没有瑕疵豆为止。

（4）求出咖啡瑕疵豆颗数的平均值。

2）挑除瑕疵豆的顺序

形状、厚度、尺寸、色泽、中央线的伸展状态等全都均匀的豆子为最佳。挑除咖啡瑕疵豆的顺序为“颜色→光泽→形状”。

颜色不同的豆子：先确定颜色的基准，接着将相同颜色的咖啡豆摆在一起。

光泽不同的豆子：根据咖啡豆的光泽挑除死豆与未熟豆。

形状不同的豆子：贝壳豆等对味道的影响较轻微，所以放在最后处理。

哥伦比亚以“豆大就是美”为宗旨，分级时以目*为单位，18 目以上（约 0.7 cm）为特级（supremo），以下为高级（excelso）。肯尼亚的分级则是以豆体大小为主，杯测品质与豆重为辅。肯尼亚咖啡豆最优质的等级为 AA plus（AA+），接着是 AA、AB（15~16 目，产量占大部分）等等。另外还有 PB 肯尼亚 AA，即 peaberry（圆豆/公豆），是以外形作为分类标准。

三、咖啡生豆的干燥与贮存

咖啡豆作为一种农产品，从摘下来那一刻就开始进入了不断衰败的过程。为了减少其品质衰退，选择合适的包装与贮存方式很重要。一般认为 15~18℃ 和相对湿度 60% 左右的稳定环境，是贮存咖啡生豆的最佳条件。

1. 咖啡生豆的干燥

咖啡生豆的干燥是一个不可逆转的处理过程，一旦开始就不能让咖啡生豆再回潮，否则会造成大量的坏豆。咖啡生豆的干燥一般分为 5 个阶段：表皮阶段→白阶段→软黑至中黑阶段→硬黑阶段→充分干燥阶段，各阶段的咖啡豆含水量（质量分数，下同）见表3-3。干燥方法有自然干燥法和机械干燥法，最简单的方法是自然干燥法。

表 3-3　咖啡豆干燥过程中的水分变化

项目	表皮阶段	白阶段	软黑至中黑	硬黑阶段	充分干燥
水分质量分数/%	45~55	33~44	16~32	12~15	10.5~11

1）自然干燥法

自然干燥法就是将洗过的豆粒摊开，在温和的阳光下晒干或置于通风处晾干。我国云南的一些农场也会用日晒结合火烤的方法来干燥咖啡豆，即将清洗后的咖啡豆在晒场上风干 12 h，放入烤棚中用火烤 24 h，棚内温度控制在 50℃ 左右，使豆的含水量迅速降至 18%，然后日晒 1~2 天，暂存，待脱壳前再晒 1~2 天，使含水量在 11% 左右。这样就可解决阴雨天咖啡豆的干燥问题。

2）机械干燥法

机械干燥法主要有太阳能除湿干燥、太阳能温室干燥、热气流干燥机干燥、旋转

---

* 目代表咖啡豆的直径，1 目是 1/64 英寸，1 英寸 = 25.4 mm。

干燥机干燥等。以旋转干燥机干燥小粒种咖啡为例，按照《NY/T606—2011 小粒种咖啡初加工技术规范》的要求，干燥初期 2 h，温度控制在 90℃以内，其后的 30 ~35 h 控制温度为 60℃左右，可以使其含水量由 45% ~55% 降至 10.5% ~11%，短时间内即可完成咖啡豆的干燥工作。

2. 咖啡生豆的常见包装、贮存方式

1）粗麻袋（黄麻）

粗麻袋是最常见也是成本最低的生豆包装运输方式。黄麻是一种可再生资源，而且价格便宜，它的使用也不需要特殊的技术或设备。然而，粗麻袋并不能保护咖啡豆不受湿气和气味的影响，因此用粗麻袋装的咖啡在运输和储存过程中很容易受到损坏。

2）真空塑料袋

真空包装塑料袋在目前市面上来讲是最好的生豆包装方式。它可以防止生豆受潮、变质、氧化，还可以让生豆与空气隔绝而无法进行呼吸，也就是可延长生豆的寿命。在抽真空之前，必须要先测量生豆含水量以及豆内水活度，防止抽真空封装后有霉菌滋生。真空包装成本为每磅生豆 15 ~25 美分（即每 500 g 生豆包装成本约 1 元），需要抽真空装置和进行人员技术培训。真空包装需要特殊的设备和技术来实现，可能会因此延迟咖啡生豆的发货，所以也有一定的风险。

3）粮用编织袋（GrainPro）

粮用编织袋可以防止咖啡生豆受潮和变质，而且比真空包装更好用、更廉价。用粮用编织袋存储的咖啡豆的保质期虽比用粗麻袋的更长，但是只有真空塑料包装存储保质期的一半。粮用编织袋的成本大约为每磅生豆 5 ~10 美分（即每 500 克生豆的包装成本约为 0.5 元），所以是精品咖啡烘焙厂的最佳选择。在用粮用编织袋包装前也要测豆子中的水分，避免微生物的滋生。

4）咖啡生豆的运输包装

全球咖啡生豆的年出口量占年产量的 80% 左右，而咖啡生豆的运输基本靠海运。一般都是由生产国或其邻国将咖啡生豆装入集装箱，输出到海外。有的生产商用与集装箱尺寸接近的包装袋来装咖啡生豆，大多数生产商则是将生豆分装成几十千克的小包后再装入集装箱。

用于分装咖啡生豆的容器种类很多，比较特殊的如牙买加蓝山咖啡，是用木桶分装的。印度尼西亚和也门用筐分装，大多数生产商是用麻或剑麻（非麻属类植物）编成的麻袋分装，规格有 45 kg 装（美国夏威夷）、60 kg 装（巴西等国）、69 kg 装（中美洲）、70 kg 装（哥伦比亚）等，产地不同，分装的重量也不同。一个集装箱大约能装 250 袋咖啡生豆。

海运的优点是便宜、运输量较大，缺点是会让咖啡生豆暴露在高温潮湿的环境下，品质可能受损。另外，过海关接受检查可能会需要几周时间，若赶上高温天气，存放在密闭环境里的咖啡生豆很容易在非常短的时间里失水，品质受到影响。

3. 咖啡生豆的贮存

1）冷冻贮存

冷冻贮存是在32°F（0°C）下，用真空密封袋储存咖啡生豆。它可以将风味保持多年，让5年前的咖啡豆品尝起来和一个月前采摘的一样好。有些烘焙厂将一些独特批次的单品庄园豆冷冻贮存了几十年，变成了“年份”咖啡豆，但是目前此种年份咖啡豆的需求量还不是很大，而且冷冻贮存成本很高。在炎热的气候下，冷冻是一个值得考虑的选择，因为在极端高温下储存几天就会毁掉大多数咖啡生豆。密封好的咖啡生豆经低温贮存后，在烘焙前应该在室温中静置一段时间。

无论选择何种生豆贮存方法，最重要的就是知晓并调节好贮存生豆的环境，并保持全年恒定一致。尤其是在炎热潮湿的环境下，贮存生豆的位置离地面越远越好。此外要注意，如果生豆贮存处与烘焙机距离过近，烘焙机散发出的热量将会使生豆质量受损。

2）贮存条件的要求

（1）外部环境要求。贮存仓库所在地应与鲜果生产地地理地势、气候环境基本一致，空气湿度在70%以下，温度、湿度相对稳定，空气质量优良，无烟尘。

（2）仓库要求。贮存仓库应通风良好，清洁干净，无鼠害，无异味。与其他物资仓库隔离，不允许将农药、化肥以及其他物品同咖啡豆存放在一个仓库内，以防咖啡豆吸入异味。仓库高应大于3 m，四面墙体上部设置通气孔，屋顶设通风管道，地面铺装一层木板垫层，木板层下面设通风道，以便保持空气流通和室内温、湿度稳定。

（3）堆放要求。生咖啡豆含水量低至11%～12%时，将其装入干净的麻袋，使麻袋呈扁平状，堆码高度2.5 m左右，离墙有一定距离，保持空气流通。应经常注意检查。

【拓展阅读】

咖啡生豆的命名

现在，越来越多人喜欢自己买咖啡生豆，在家烘焙、冲煮咖啡了。在购买咖啡生豆时，应该了解包装中标注的信息，如Kenya AA、AB，埃塞俄比亚G1、G2，危地马拉 SHB、HB 等，它们都代表什么样的咖啡豆呢？一般咖啡豆包装的标注是国家 + 产区 + 分级名称 + 处理方式，如标注为“Costa Rica Tarrazu SHB EP Red Honey”的咖啡生豆，是指“哥斯达黎加 + 塔拉珠产区 + 极硬豆 + 欧洲 EP 标准 + 红蜜处理”的咖啡生豆。此外，咖啡生豆的命名主要有以下原则。

(1) 国名、产地名：哥伦比亚（Columbia）、危地马拉（Guatemala）、萨尔瓦多（El Salvador）、玻利维亚（Bolivia）、尼加拉瓜（Nicaragua）等国都是主要的优质咖啡产区，例如“埃塞俄比亚 哈拉”表示是出产于埃塞俄比亚的哈拉地区。而必须注意的是，即使是同一产地所出产的咖啡，也会因地区和年份的不同，而有不同的品质。虽说产地相同，但咖啡的口味却未必一致，这是挑选时的一项标准。

(2) 出口港名：由所标示的出口港名可知其运送的路线。同一产地或同一品牌的咖啡都有一定的运送路线，因此也都是由同一港口出口。例如“巴西 圣多斯”表示这是从圣多斯出口的咖啡，但标示“摩卡”者为例外，因为一部分也门产的咖啡仍然在沿用当年的港口名“摩卡”（如“摩卡 马他利”）。此外，埃塞俄比亚哈拉地区产的咖啡也有的称为“哈拉 摩卡”。

(3) 原种名、品种名：阿拉伯国家所产的咖啡会省略国家的标识，但若是阿拉比卡种与罗布斯塔种，则将会在国名之后标示品种名。

(4) 山岳名：牙买加的蓝山（Blue Mountain），坦桑尼亚的乞力马扎罗（Kilimanjaro），哥斯达黎加的克拉尔山、古巴的克利斯特尔山、巴布亚新几内亚的马温多哈根等，都是知名的品牌。

第四章

咖啡的烘焙

第一节　咖啡烘焙的基本概念

一、咖啡烘焙的重要性

咖啡之所以受到人们喜爱，关键在于烘焙后所形成的香气与饮用时的口感。因为咖啡生豆本身并没什么特殊的味道，“烘焙”就像一个魔术，将咖啡生豆内部的物质彻底转变与重组，形成新的结构，以浓烈香醇的风味，成为人类心灵思想的燃煤。咖啡豆烘焙是处理咖啡豆的最后一个环节，也是必不可少的环节，烘焙的好坏决定了最后的成品如何。如果烘焙不成功，不论前面的处理步骤多么精细，都无法得到高品质的咖啡。

咖啡豆在烘焙加工过程中，所含成分如绿原酸、葫芦巴碱、多糖、油脂和蛋白质等物质会发生不同程度的美拉德反应、Strecker 降解、焦糖化等化学反应，生成呋喃类、吡嗪类、吡啶类、吡咯类、酚类、醛酮类化合物，以及硫化物和有机酸等挥发性呈香物质，形成咖啡的特征风味。研究表明，在影响一杯咖啡味道的因素中，生豆占60%，烘焙占30%，萃取占10%，好的烘焙可以将生豆的个性发挥到极致而最大限度地减少缺陷味道的出现；反之，不当的烘焙则会彻底毁掉好的咖啡豆。

在烘焙过程中，咖啡豆的受热时间和温度都非常难把握，所以烘焙技术是一项很复杂的技术。一般而言，咖啡豆烘焙的时间越短，咖啡的口感就越酸，烘焙的时间越长，咖啡则越苦。因此，决定咖啡酸味与苦味的是烘焙的程度，故烘焙的重要性显得更加突出。

二、咖啡烘焙的概念

烘焙（roasting），又称为烘烤、焙烤，是指在物料燃点之下通过干热的方式使物料脱水变干变硬的过程。埃塞俄比亚人被认为是最早发现并使用咖啡的，但是刚开始时他们对咖啡的使用也只是嚼食咖啡浆果和叶子。关于咖啡豆烘焙的起源，除了前文中埃塞俄比亚人无意间发现火烤后的咖啡豆能够发出奇特香味的说法外，还有一种说法是伊斯兰教隐士沙兹里在 12 世纪初期发明了咖啡的烘焙，他还将烘焙豆研磨成粉，煮出了人类的第一杯咖啡。

所谓咖啡烘焙，是指通过对生豆的加热，促使咖啡豆内外部发生一系列物理和化学反应，并在此过程中生成咖啡的酸、苦、甘等多种味道，形成醇度和色调，将生豆转化为深褐色原豆的过程。通俗地讲，咖啡烘焙是一个提供热源给咖啡生豆、使其焦化的过程，这个过程使咖啡豆的有机物热解，外部颜色逐渐从浅褐色变成深褐色，咖啡生豆的银皮也随之被去除，形成了独特的风味。咖啡的烘焙程度、烘焙温度和烘焙时间决定了咖啡饮品的味道、香气和颜色等品质指标。

咖啡烘焙是一种高温分解（pyrolysis）的过程，它能彻底改变生豆内部的物质，并让它们重新组合，产生新的化合物，形成香气与醇味。这种作用只会在高温的时候发生。事实上，在咖啡的处理过程中，烘焙是最难的一个步骤，它是一种科学，也是一种艺术。

烘焙过程大致上可以分为三个阶段：

（1）脱水：在烘焙初期，生豆开始吸热，内部的水分逐渐蒸发。这时，生豆的颜色渐渐由青色转为黄色或浅褐色，银皮开始脱落，可以闻到淡淡的青草味道。这个阶段的主要作用是去除水分，时间约占烘焙时间的一半。由于水可以传热，有助于烘焙咖啡豆内部物质。所以，虽然这一阶段的目的在于去除水分，但烘焙师会妥善控制水的温度，使其不会蒸发得太快。

（2）高温分解：烘焙到 160℃左右时，豆内的水分会蒸发为气体，开始排出咖啡豆外。这时，生豆的内部由吸热（endothermic）转为放热（exothermic），出现第一次爆裂声。在第一次爆裂声之后，又会转为吸热。这时，咖啡豆内部压力极高，可高达 25 个标准大气压（约 2.5MPa）。高温与压力开始解构咖啡豆原有的组织，使其形成新的化合物，造就咖啡的口感与味道。温度达到 190℃左右时，吸热与放热的转换再度发生。当然，高温裂解作用仍然在持续，咖啡豆由褐色转变成深褐色，渐渐进入重度烘焙的阶段。

（3）冷却（quenching）：咖啡豆在烘焙之后要立即冷却，迅速停止高温裂解作用，将风味锁住。否则，豆内高温仍在继续发生作用，将会烧尽芳香的物质。

以上是咖啡烘焙过程中理论上存在的三个阶段，但在实际生产中，咖啡从生豆烘焙为熟豆，所经历的过程更为复杂，因此各阶段通常会被进一步细分。

三、 咖啡烘焙的主要阶段

1．通用划分法

咖啡豆从生豆到研磨的过程中，最重要的环节就是烘焙。一个优秀的咖啡师，可以精准地把控烘焙的每一个变化过程，从而烘焙出自己想要的风味。咖啡从生豆到熟豆的转变，一般经过以下六个阶段。

1）第一阶段：去除水分

咖啡生豆含有7%～11%的水分，均匀分布于整颗咖啡豆的紧密结构中，水分较多时咖啡豆不会变成褐色。将咖啡生豆倒入烘豆机之后，需要一些时间让咖啡豆吸收足够的热量以蒸发多余的水分。开始的几分钟内，咖啡生豆的外观以及气味没有什么显著变化。当生豆被加热时，生豆内的水分会蒸发，大概到135℃时生豆的绿色开始变浅，逐渐变白。

2）第二阶段：转黄

随着加热的进行，生豆由绿色变白后又转成浅黄色。温度达160℃左右时，会散发出青草味或烘焙谷物的香气。继续加热，豆子会变成浅褐色。

前两个阶段非常重要：假如咖啡生豆的水分没有被很好地去除，此后的烘焙阶段就无法均匀。即使咖啡豆的外表看起来没有异样，但内部可能没熟透，冲煮后的风味会令人十分不悦，会有咖啡豆表面的苦味，以及豆芯未发展完全的尖锐酸味及青草味。过了这个阶段之后，即使放慢烘焙的速度也难以挽救，因为同一颗豆子不同部分的发展速率会不同。

3）第三阶段：第一爆

当褐化反应开始加速后，咖啡豆内开始产生大量的气体（大部分是二氧化碳）及水蒸气。随着内部的压力不断增加，咖啡豆开始爆裂，发出清脆的声响，同时体积开始膨胀。自此，我们熟知的咖啡风味开始发展，烘豆师可以自行选择何时结束烘焙。

烘豆师会发现，如果继续用相同的火力，温度上升的速度会减缓，而如果热能过低，可能导致烘焙温度停滞，造成咖啡风味呆钝。

脱水完成之后（约190℃），咖啡豆由于内部受热膨胀造成细胞壁破裂形成第一爆，这时豆子内不会发生一系列热分解反应，其中的焦糖化反应会带来咖啡豆的甜度、深褐色和醇度，第一爆会持续1 min左右的时间。

4）第四阶段：风味发展

第一爆结束后，咖啡豆表面看起来较为平滑，但仍有少许褶皱。这个阶段决定了最终咖啡上色的深度以及烘焙的实际深度，烘豆师须拿捏最后熟豆产品要呈现的酸味与苦味，烘得越久，苦味就越高。

5）第五阶段：第二爆

随着加热的进行，进入第二爆，此时豆子内部会发生更剧烈的反应，放出大量的热。随着第二爆的结束，生豆基本上已经变黑，豆体膨胀到原来的1.5倍左右，表面出油，重量减少12%～20%。咖啡豆一旦烘焙到第二爆，内部的油脂更容易被带到豆子表面，大部分的酸味会消退并产生另一种新的风味，通常称之为“烘焙味”。这种风味不会因为豆子种类不同而有差异，因为其成因是炭化或焦化的作用，而非内部固有的风味成分。

将咖啡豆烘至比第五阶段更深的程度是很危险的，操作不慎时甚至可能导致火灾，特别是在使用大型商用烘豆机时更需要注意安全。

咖啡烘焙领域中有“法式烘焙”及“意式烘焙”等烘焙深度，指的都是烘焙程度非常深的咖啡豆，有典型的高浓郁度、高度苦味，但大多数豆子本身的个性会消失。即使许多人喜欢重度烘焙的咖啡风味，但如果想了解来自不同产地的高质量咖啡的风味以及个性，建议不要选择重度烘焙的豆子。

6）第六阶段：冷却

一般最迟是在第二爆结束后的1 min左右停止烘焙。当温度达到230℃时，就是较深的法式或意式烘焙。如果在温度高于230℃时持续加热，可能会使咖啡豆自然烧焦。烘焙完成之后，必须快速将咖啡豆冷却，以免过度烘焙或是让咖啡豆产生负面的风味，如焙烤味（baked）。在小批量的烘豆机中，通常使用冷却盘进行抽风降温。大批量的烘豆机则无法单靠空气冷却咖啡豆，必须搭配雾化的水汽，水汽遇热蒸发后就能快速地带走热能。操作得当时，雾化的水汽不会导致负面的风味；但如果操作不慎，咖啡豆老化的速度会略微加快。有些公司在使用这种冷却方式时故意添加过多水雾，试图借此增加熟豆的重量，这不但不道德，也会对咖啡的质量产生非常不好的影响。

2. 七步划分法

不同研究者对咖啡烘焙过程的阶段划分有自己的看法，除了以上的六阶段划分法外，韩国咖啡烘焙师刘承权在他的咖啡烘焙著作 *Roasting Craft: New Guidelines for a Professional Coffee Roaster* 中把咖啡烘焙的过程（roasting process）分为七个重要的阶段，其中第一至第五阶段如图4－1所示。

1）从进豆到回温点

进豆是烘焙的开始阶段，在事先预热的滚筒里放入豆子后，滚筒温度会立即下降，直到滚筒温度和豆子温度达到平衡，即达到回温点。一般而言，在120 s内达到回温点较为合适（另一位韩国咖啡师田光寿则主张理想的回温时间应该落在60～90 s区间）。

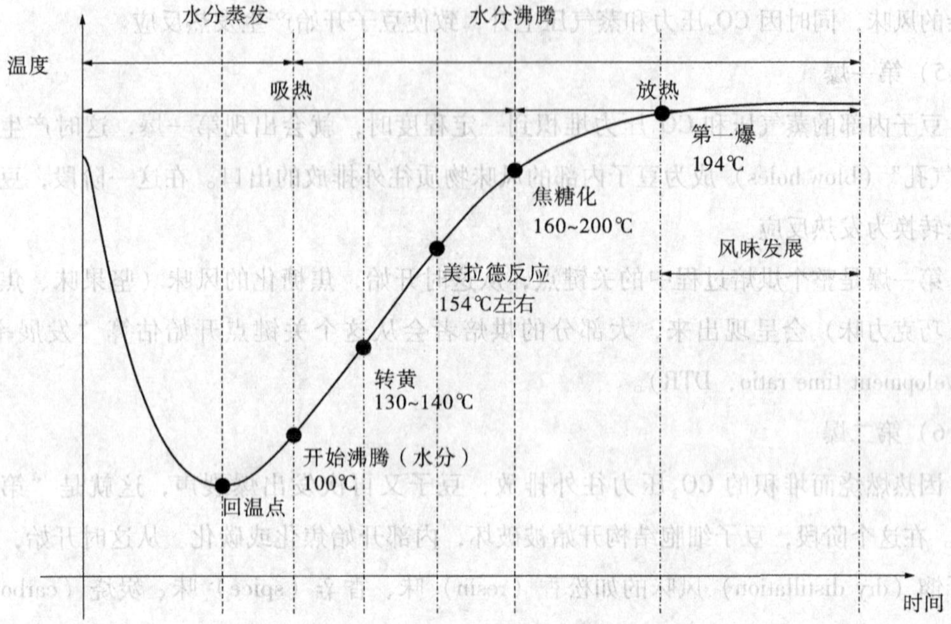

图 4－1 七步划分法的第一至第五阶段

如果达到回温点的时间过长，达到第一爆的时间会过长；反过来，如果达到回温点的时间过短，达到第一爆的时间会过短。因此需要好好计算咖啡烘焙时的上升率（ROR，rate of rise，指烘焙过程中咖啡豆温度的上升速度）来决定进豆温度。

2）从回温点到转黄

经过回温点后，生豆就进入吸热阶段。不溶性纤维素（insoluble cellulose）占了豆子重量的 70%，为了将热量传到豆子内部，就要利用水的传导性。如果豆子含水量低，达到转黄阶段的时间会较短；反过来，豆子含水量多的话，达到转黄阶段的时间会较长。

以豆子温度达到 100℃时为起点，水从蒸发转换为沸腾。豆子内部蒸气压和温度上升，这时豆子组织开始玻璃化（vitrification），组织发生膨胀，叶绿素被破坏而进入转黄阶段。

3）美拉德反应（Maillard reaction）

烘焙温度达到 154℃左右时（每部烘豆机的用时不同），豆子内部和外部的温度和压力基本一致，糖分通过水解转换成还原糖（reducing sugar）后，跟氨基酸（amino acids）结合而产生类黑精（melanoidin）和挥发性有机物，这就是美拉德反应。通过此过程，咖啡豆会产生风味上的变化。

4）焦糖化（caramelization）

在这个阶段，豆子因热分解而开始发生焦糖化反应，甜味开始减少，转化成非常复杂的风味，同时因 CO_2压力和蒸气压上升，致使豆子开始产生发热反应。

5）第一爆

豆子内部的蒸气压和 CO_2压力堆积到一定程度时，就会出现第一爆，这时产生的“吹气孔”（blow holes）成为豆子内部的风味物质往外排放的出口。在这一阶段，豆子完全转换为发热反应。

第一爆是整个烘焙过程中的关键点，从这时开始，焦糖化的风味（坚果味、焦糖味、巧克力味）会呈现出来，大部分的烘焙者会从这个关键点开始估算“发展率”（development time ratio，DTR）。

6）第二爆

因热燃烧而堆积的 CO_2压力往外排放，豆子又再次发出爆裂声，这就是“第二爆”。在这个阶段，豆子细胞结构开始被破坏，内部开始焦化或碳化。从这时开始，附属干馏（dry distillation）风味的如松香（resin）味、香辛（spice）味、炭烧（carbon）味会呈现出来，也会产生明显的苦味。

7）从出豆到冷却

出豆后，豆子自身维持的高温有可能改变烘焙程度，导致芳香风味部分挥发。因此，快速冷却是保持风味很重要的环节。这一阶段与“通用划分法”的第六阶段相同，不再赘述。

第二节　咖啡烘焙过程中的物理和化学变化

很多人以为咖啡豆生来就是深褐色的。其实，生咖啡豆是偏绿色或青色的，因为里面还含有一定的水分。生豆中，一般色泽翠绿的为新豆，色泽偏黄或泛白的为陈豆。如果没有烘焙这道工序，咖啡生豆就只是一种绿色农产品，而咖啡豆中成百上千种的芬芳物质，需要烘焙来“唤醒”，才会散发出来。本节介绍咖啡烘焙过程中咖啡豆所发生的物理和化学变化。

一、咖啡烘焙过程中的物理变化

咖啡烘焙过程中发生的物理变化主要有以下四种。

（1）颜色加深。咖啡豆颜色由黄绿色变成浅褐色，然后再逐渐向褐色、棕褐色、黑褐色变化发展。这是一系列褐变反应的结果，比如生豆中的淀粉转化为糖分，糖分又进一步焦化。颜色的变化是我们最容易观察到的咖啡烘焙现象。

（2）失水减重。咖啡豆中富含水分，这些水分可分为游离状态的自由水和锁定在细胞内、与有机固体物吸附结合的结合水，后者是咖啡豆各个细胞的组成成分和良好溶剂。咖啡豆在烘焙加热过程中，先失去自由水，再逐渐失去结合水，导致咖啡豆重量减轻10%～20%。

（3）体积膨胀。随着咖啡烘焙的进行，水蒸气、二氧化碳等气体开始大量溢出，这会导致咖啡豆体积有25%～60%的膨胀。

（4）质地松脆。随着咖啡烘焙的进行，原有的紧致纤维结构发生膨胀变化，部分构成细胞壁的纤维素也在反应中消耗，形成大量在显微镜下可以看到的孔洞，水分、二氧化碳和挥发性芳香物质都顺着这些不规则的通道逸出，使得原来致密坚实的咖啡生豆变得焦脆易碎。在放大镜下观察，能够看到明显的海绵、活性炭或蜂窝状结构，这时氧气也能通过这些通道入侵，会迅速劣化咖啡风味。

二、咖啡烘焙过程中的主要化学变化

咖啡烘焙过程中，热量使咖啡生豆内部发生化学变化，这些变化决定着咖啡的香气和味道。有总质量接近咖啡熟豆重量30%、种类超过1000种的化合物是在烘焙过程中生成的，已被鉴定出来的挥发性物质约有850种，都是我们能够通过感官体验感受的。在化学变化的过程中伴随着复杂的热传递，这里面既有大量吸热反应，也有不少放热反应。美拉德反应、降解反应、焦糖化反应、酸的变化是烘焙师需要关注的主要化学变化。

1. 美拉德反应

美拉德反应，亦称非酶棕色化反应，是广泛存在于食品工业中的一种非酶褐变，是羰基化合物（还原糖类）和氨基化合物（氨基酸和蛋白质）间的反应，经过复杂的历程最终生成棕色甚至是黑色的大分子物质类黑精（或称拟黑素），故又称羰胺反应（1912年法国化学家L. C. Maillard提出）。

咖啡烘焙中的美拉德反应需经历前期、中期和末期三个阶段。其中，前期反应主要包括羰氨缩合和分子重排；中期反应主要表现为分子重排产物的进一步降解，生成羧甲基糠醛等；末期反应是中期反应产物进一步缩合、聚合，形成复杂的高分子色素，是咖啡烘焙中大部分可挥发性芳香气体生成的原因所在。美拉德反应在咖啡烘焙过程中贡献的气味几乎都是令人愉悦的。

这个反应会在154℃左右开始发生，此时咖啡豆仍在吸热。热量促进了豆子中的羰基化合物（还原糖）和氨基酸之间的反应，导致颜色、味道和营养成分的变化。颜色的改变主要是因为类黑精的产生，这些物质不只会让咖啡豆转为褐色，还会影响咖啡的口感跟醇厚度。美拉德反应中的温度与时间只要有一点小变化，都可能对最终的风味产生很大的影响。美拉德反应时间较长则咖啡黏度会增加，较短则会产生更多的甜度和酸质。而如果美拉德反应时间过长，果酸和会转化成甜味的酸都会被破坏掉。烘豆师在试验烘焙手法时，需要改变美拉德反应的时间长度和强度，并记录这些变化会给最终的风味带来什么样的影响。

咖啡烘焙中发生的美拉德反应会生成大量气体（如 CO_2），它们在咖啡豆的细胞内不断积聚，积累到一定阶段后将冲破咖啡豆的细胞壁集中释放，即此前所说的“第一爆”。

2. 斯特雷克尔降解反应（Strecker degradation）

斯特雷克尔降解反应是另一种与氨基酸有关的反应。这是一个依赖美拉德反应的过程，氨基酸与羰基化合物反应后产生诸如醛和酮的化合物。烘焙咖啡豆中含有挥发性和非挥发性化合物。一般来说，挥发性化合物是香气的来源，而一些非挥发性化合物则有助于风味。挥发性化合物是在室温下具有高蒸汽压的有机化合物，其中许多是在焙烧的发展阶段、在斯特雷克尔降解过程中形成的。当芳香的挥发性化合物逸出时，我们会闻到咖啡特有的味道，这些化合物包括：

- 醛类：增加果味，绿色芳香。
- 呋喃：会产生焦糖味。
- 吡嗪：有泥土味。
- 含硫化合物：如 2 - 呋喃硫醇，有些含硫化合物中有一种被称为“烘焙咖啡”的香味；但也有些单独闻起来不那么诱人，如甲硫醇闻起来像腐烂的卷心菜。
- 愈创木酚（guaiacol）：有烟熏、辛辣的味道。

而 CO_2 是一种挥发性化合物，不会对香气产生影响，但会对醇厚度产生影响。

非挥发性的化合物在室温下通常较稳定，也就是说它们不会蒸发。这类化合物中有一部分会在后续烘焙过程中发生变化，而其余则会在整个烘焙过程中保持稳定。非挥发性化合物有助于产生风味。例如天然存在于咖啡中，并且在烘焙过程中保持不变的咖啡因，它可能会带来一些苦味。其他非挥发性的化合物有提供甜味的蔗糖、提供醇厚度和口感的油脂、产生颜色和醇厚度的类黑精等。

烘豆师不一定需要确切地了解这些化合物是什么，重要的是要认识到这种反应对于产生芳香和风味的化合物是不可或缺的。

3. 糖类的焦糖化（caramelization）

焦糖化反应，又叫卡拉蜜尔作用，是指糖类尤其是单糖类在没有氨基化合物存在的情况下，加热到熔点以上时，因脱水、降解等而发生的褐变反应。咖啡烘焙过程中的焦糖化反应大约在160℃开始，进行过程中会减少咖啡甜味、增加咖啡苦味，我们经常说较浅焙咖啡更甜、深焙咖啡更苦便与此有关。

焦糖化反应有两种反应方向：一是经脱水得到焦糖等产物，二是经裂解得到挥发性的醛类、酮类物质，这些物质还可以进一步缩合、聚合，最终得到一些深颜色的物质。这些反应在酸性、碱性条件下均可进行，但在碱性条件下进行的速度要快得多，也是一种非酶褐变反应。焦糖化产生的糖的裂解产物具有特殊的焦甜香风味，这也多为咖啡烘焙者所喜。

美国精品咖啡协会（SCAA）的焦糖化测定法（Agtron）是利用红外线波长（咖啡豆表面的不同反射效应）测定咖啡豆内部糖分焦化转化程度，从而定量确定咖啡豆烘焙程度的方法，也是目前比较受认可的烘焙程度专业描述。烘焙程度越深，咖啡豆颜色越深，吸光性越强，反射光越弱，Agtron数值越低。反之，烘焙程度越浅，咖啡豆颜色越浅，吸光性越弱，反射光越强，Agtron数值越高。Agtron数值的测定有专业的仪器，如图4－2所示。

图4－2　咖啡烘焙焦糖化检测仪

4. 酸的变化

咖啡豆内有许多种酸，有些尝起来讨喜，有些则不美味。对烘豆师而言，最重要的一种酸是绿原酸（chlorogenic acid）。咖啡豆中含有大量的绿原酸，其在烘焙时可分解为咖啡酸和奎宁酸，绿原酸及奎宁酸都被认为会形成苦味和涩味。酸在风味产生上有很大的作用，烘焙可以降解一些酸，也可以产生其他酸。例如，产生果酸味和甜味的柠檬酸和酒石酸在烘焙过程中会分解，因此长时间或温度过高的烘焙都会大幅降低最终咖啡的甜度。

烘焙咖啡时，关键目标之一就是尽量去除不美味的酸，同时避免制造出更多负面的风味因子，保留更多讨喜的芳香成分。此外，有些酸在烘焙完成之后仍然保持稳定的状态，例如奎宁酸会增添讨喜、干净的咖啡风味质感。

咖啡烘焙中的众多化学变化有助于发展成咖啡杯中的风味、香气和醇厚度，许多反应对温度变化和加热时间很敏感。因此，烘焙技术的微小变化都会对风味特性产生深远的影响。

第三节 咖啡烘焙曲线及烘焙原则

一、咖啡烘焙曲线及其绘制

咖啡烘焙曲线（coffee roast curve）是在咖啡烘焙时记录烘焙状况和操作的温度－时间曲线图。对于烘豆师来说，最让其感觉受挫的就是不能再次复制出上次所烘焙的咖啡豆的美妙风味。April Coffee 的创始人 Patrik Rolf 说过，要实现烘豆风味的一致性，就需要记录烘焙数据，而且数据是越多越好。他说："只有根据你的烘焙曲线，并参照使用相同的燃气和风门设置才能够获得风味的一致性，而达到某个温度的时间点以及方式就如同烘豆机内的温度一样重要。"因此，绘制详细的烘焙曲线是非常重要的，烘焙曲线的作用就是作为不断复制相同风味咖啡豆烘焙的参照。

烘焙曲线的绘制方法如下。

在烘焙前，记录咖啡豆的含水量、密度、产地，以及处理方式、烘焙室中的烘焙环境温度和湿度等参数，完成烘焙过程的设计。

开始烘焙时，使用软件记录烘焙实时温度。如果不用软件，而使用手工记录的话，要从开始烘焙起，每隔 30 s 或 1 min 记录一次温度。烘焙完成后绘制温度－时间曲线，如图 4－3 所示。但是手工记录并绘制的烘焙曲线并不是完整实时的信息，我们在杯测后，难以回溯烘焙中的每个瞬间。

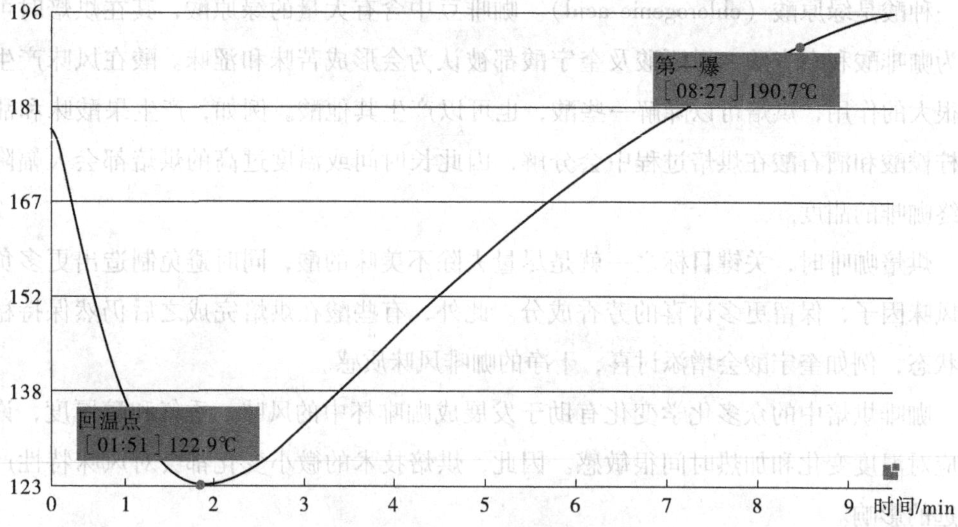

图 4－3 咖啡烘焙曲线

图4－3中，纵轴是温度，横轴是时间，曲线则代表在烘焙过程中，生豆的温度随着时间的变化情况。由于烘焙温度实际上是锅炉显示温度，而一般生豆温度比预设锅炉温度低，因此在进豆时，温度曲线会有相对幅度的滑落，当咖啡豆内外部温度平衡后，曲线开始往上走，对应的温度转折点称为“回温点”。回温点后，温度上升，曲线缓缓爬高，咖啡豆内部纤维开始发生变化，咖啡豆细胞被破坏，一段时间后出现“噼噼啪啪”的响声，这就是“第一爆”到了。

出锅后，杯测烘焙后的咖啡豆风味，根据杯测检验结果再结合烘焙曲线对烘焙过程进行调整。得到理想的咖啡熟豆后，每次烘焙这种咖啡时，烘焙师便可参考最佳曲线，在过程中精控温度。这样，同一种咖啡的每一次烘焙能产出一致的风味，并接近既定的最佳品质。

二、咖啡烘焙的基本原则

烘焙过程中，咖啡生豆在热作用下发生一系列的物理变化和化学变化，从而呈现出其特有的色、香、味。好的咖啡豆在经过烘焙后，必要成分达到均衡的状态，这样才能算是好的烘焙豆。咖啡的香味随热度而变化，所以烘焙的时间宜尽量缩短，而温度应控制在可让咖啡豆产生有效化学成分的最低限度。即以最短的时间和最低的温度，让咖啡豆产生最适合的成分比，烘焙出其特色，这也正是咖啡烘焙的最终目标。一般认为在咖啡的烘焙过程中应当遵从以下四个原则。

1. 酸苦原则

常喝咖啡的人都知道咖啡是有酸度的。咖啡的酸度不是酸碱度中的酸性或酸臭味，也不是进入胃里让人不舒服的酸。那么咖啡中的酸究竟是什么呢？首先，咖啡中的酸与咖啡生豆本身和烘焙程度两方面有关。如果一杯咖啡中的酸非常刺激，有扎嘴的感觉，那么这不是好的酸；若一杯咖啡有着很丰富的口感，如甜味、丝绸般的顺滑，那么再加上一些明亮的酸，它会显得很丰满。所以说，咖啡的酸度形容的是一种活泼、明亮的风味，这个词有点类似于葡萄酒品评中的形容方式，如非洲咖啡的酸就是柔和且明亮的。假若咖啡豆缺乏了酸度，就等于失去了生命力，尝起来空洞乏味、毫无层次深度。酸度有许多不同的特征，像来自也门与肯尼亚的咖啡豆，其酸度特征就是有着袭人的果香味以及类似红酒般的质感。

咖啡豆在烘焙过程中，内部首先会形成大量味道丰富的酸味物质，但随着咖啡豆烘焙程度的继续提升，酸性物质逐渐分解，由淀粉转化而来的糖逐渐焦化，苦味逐渐增强。咖啡中的苦味主要来自于咖啡中糖的焦化反应，所以随着烘焙程度的提升，焦化程度越高，咖啡的酸味越弱，苦味越重。

酸味偏重的咖啡不宜偏浅度烘焙，而苦味强劲的咖啡不宜深度烘焙。合理掌控烘焙程度，能够使咖啡的酸与苦更加平衡。此外，烘焙程度加深将带来更加厚重的苦味和醇度，同时还会增大咖啡油质的释放，增加质感。

2. 品质与个性原则

极浅度至浅度烘焙的咖啡豆，其个性表现过于突出，除了少数优秀精品豆以外，这并不一定是好事，所以大部分个性特征突出、风味出众的咖啡豆适宜采取中度至中深度烘焙。对于某些烘焙师和品鉴师来说，这一烘焙程度的另一个优势是能够较好地表现出风味的层次感与复杂度。

3. 含水量原则

水作为导热率较低的介质，无疑是烘焙师们的大敌。含水量高或果肉肥厚的咖啡豆适宜烘焙得深些，而含水量低或果肉单薄的咖啡豆则最好烘焙得浅些。

即使是同一产地同一品种的豆子（甚至是同一棵咖啡树结出的豆子），新豆的颜色都会更加浓绿，含水量更高，而陈豆的颜色偏浅偏黄，含水量低些，因此新豆的口感应该比陈豆酸。如果希望两者最终表现出一致的酸苦平衡风味，则新豆宜烘焙得略深一些。

4. 香气走势原则

随着咖啡豆烘焙程度的逐渐提升，形成的芳香物质起初（浅度烘焙）以低分子量化合物为主，花香、草香和果香明显。接下来到了中烘焙程度时，芳香物质则以中分子量化合物居多，焦糖、奶油、巧克力、坚果等类型香气凸显。等逐渐过渡到深度烘焙时，形成的芳香物质主要是一些大分子化合物，树脂、香料、炭烧等气味就明显了。

第四节　咖啡烘焙程度

在烘焙和研磨方法盛行之前，人们通常采用煮咖啡豆的方式制作咖啡。因为咖啡豆本身并不会散发香味，所以未经任何加工的咖啡豆煮出来的咖啡口感非常单调。相较于直接煮咖啡豆而言，烘焙的方法可以使咖啡豆散发出更浓郁的香味，而且在烘焙过程中所产生的咖啡油还可以使咖啡在口感上别具一番风味。

烘焙一般分为浅、中、深三种程度，烘焙时间的长短也因咖啡的种类而异。轻微烘焙的咖啡豆色浅多酸，中度烘焙中酸中苦，深度烘焙色浓味苦。烘焙程度越轻，咖啡豆酸味越强，而烘焙程度越深，酸味渐失，苦味越重。

一、 咖啡豆烘焙的阶段

根据烘焙时的火候和时间的长短，咖啡豆的烘焙过程可粗略分为浅、中、深三个烘焙阶段，得到的熟豆如图 4－4 所示。

1. 浅烘焙

特点：浅烘焙咖啡豆呈浅棕色，表面没有油脂。豆子硬度高，酸度明亮，口感醇厚，口味鲜亮。

风味：有果味和花香的咖啡通常是浅烘焙的，只要豆子经过良好的生长、加工和烘焙，就能产生各种各样的口味、香味、余味等等。而如果烘焙没有渗透到豆子的中心，也可能会出现青草味等草本的味道，对于部分人来说是不太能接受的味道。

浅烘焙因能给咖啡带来更具变化、活力和更独特的风味而深受咖啡行业专业人员的喜爱，它比其他烘焙方式更能突出咖啡原产地的独特特征。

浅烘焙的咖啡内部温度通常达到 170～200℃，这些咖啡豆几乎没有达到我们所说的“第一爆”，咖啡豆内部的气体不会冲破外层而产生“噼噼啪啪”的声音。

2. 中烘焙

特点：中烘焙的咖啡豆是棕色的，豆子表面出现少量油脂。这些咖啡有少量酸度和红酒味，口感圆润。

风味：烘焙到这种程度也保留了咖啡的许多独特风味，热量开始进入豆子内部，发生焦糖化反应，出现甜味。因此，中烘焙豆的各项指标较为均衡，风味比浅烘焙豆浓郁且更甜，但一些酸鲜气味可能会消失。

这是烘焙师比较喜欢的程度，因为对于大众饮用者来说更亲民，酸与苦均衡但仍能展现咖啡的自然风味。

中度烘焙的温度可达 200～215℃，烘焙在刚刚听到“第一爆”的声音时即可结束。

3. 深烘焙

特点：深烘焙咖啡豆是深棕色的，表面油脂丰富，酸度低，红酒味厚重，呈现出更苦更醇厚的味道。

风味：烘焙到这个水平的咖啡豆基本判断不出原产地，但这并不意味着这种咖啡不好喝。有许多咖啡豆都很适合深烘焙，会有巧克力、坚果和焦糖的特色风味。

浅烘焙和深烘焙的区别非常明显。深烘焙咖啡在精品咖啡概念出现前处于“王者”地位，很大程度上是因为过去的咖啡种植技术比较落后，豆子本身质量差，可以通过深烘焙去掉不那么受欢迎的低档咖啡的味道，弥补咖啡的低质量问题。但现在这种情况已经改变了，越来越严格的筛选和评级制度，可以让烘焙师使用到专业级的咖啡豆。

二、 咖啡豆烘焙的程度

在烘焙过程中，生咖啡豆因火候不同会产生深浅不一的褐色外观，根据烘焙程度的强弱可分为浅度烘焙、中度烘焙和深度烘焙（可类比于西餐中牛排的煎几分熟）。这三种专业的烘焙程度又通常进一步细分为八种程度：极浅烘焙（light roast）、浅烘焙（cinnamon roast）、中烘焙（medium roast）、中深烘焙（high roast）、城市烘焙（city roast）、全城市烘焙（full-city roast）、法式烘焙（French roast）和意式烘焙（Italian roast）。其中意式烘焙主要流行于拉丁美洲，被认为最适合意式浓缩咖啡（espresso）。意式烘焙的咖啡豆颜色为黑色，油脂已经渗透至表面，故而带有一种炭灰的苦味，醇度明显降低，如图4-5所示。

（1）极浅烘焙：极浅烘焙是最轻度的烘焙。采用极浅烘焙烘焙出来的咖啡豆，只留有很浅的青草味，用它所制成的咖啡几乎没有香味和酸味。极浅焙通常是作为烘焙初期阶段的识别标准，这种烘焙方法很少被使用。

（2）浅烘焙：因为烘焙后的咖啡豆呈肉桂色，所以浅烘焙也被称为肉桂烘焙。浅烘焙是一种常见的烘焙方式。经过浅烘焙后的咖啡豆香气清淡，由它所制作出来的咖啡具有强烈的酸味。

（3）中烘焙：中烘焙常用于烘焙美式和混合式咖啡豆。采用中烘焙咖啡豆制作的咖啡口感香醇可口，酸味和苦味较为均衡。

（4）中深烘焙：中深烘焙是烘焙蓝山咖啡的常用方式。中深烘焙咖啡豆所制作出来的咖啡，在香味和色泽上都很浓郁，口感上则是苦味稍强于酸味。

（5）城市烘焙：城市烘焙常用于烘焙哥伦比亚咖啡豆和巴西咖啡豆。用城市烘焙咖啡豆做出来的咖啡，具有浓郁的烘焙香气，在口感上苦味浓于酸味。

（6）全城市烘焙：全城市烘焙多被用来烘焙冰咖啡所用的咖啡豆。用极深烘焙咖啡豆所做出来的咖啡，在口感上以苦味为主，几乎无酸味。

（7）法式烘焙：法式烘焙诞生于法国，它常用来烘焙咖啡欧蕾所用的咖啡豆。法式烘焙所烘焙出的咖啡豆呈黑褐色，用它做出来的咖啡苦味较为强劲。

（8）意式烘焙：意式烘焙诞生于意大利，它常用于烘焙意式浓缩咖啡和卡布奇诺。意式烘焙所烘焙出的咖啡豆呈黑色，表面会泛有油脂，用它冲调出来的咖啡苦味非常强劲（几乎只有苦味）。

表4-1总结了这八种烘焙程度的特征，以及它们所属的烘焙阶段。

表 4-1　咖啡烘焙的阶段和程度

烘焙阶段	烘焙程度	烘焙进程	咖啡的风味基本特征
浅烘焙	极浅烘焙	进入第一爆	因绿原酸等残留过多而芳香物质生成还十分有限，导致口感酸涩难以下咽
	浅烘焙	第一爆密集期至尾期	释放的芳香气体以低分子量化合物为主，如烘焙曲线不佳，口感可能是单薄、尖锐、生涩的
中烘焙	中烘焙	第一爆结束	释放的芳香气体以低分子量化合物为主，香气辨识度高，如花香、果香、草本香等
	中深烘焙	第一爆后，第二爆前沉寂期	开始释放出不少美拉德反应生成的中分子量气态化合物，口感鲜爽、明亮，焦糖的甜香也表达得较为充分
中深烘焙（为中烘焙与深烘焙之间的过渡阶段）	城市烘焙	到达第二爆	释放的气体以中分子量化合物为主，酸香中夹杂着诱人的焦糖、坚果、巧克力等香气，有“full flavor roast（全风味烘焙）”之称
	全城市烘焙	进入第二爆	大分子量气体分子开始逐渐出现，咖啡豆表面莹润有光泽，但只出现少许油星，焦糖香气丰沛。意大利北部浓缩咖啡首选此烘焙程度
深烘焙	法式烘焙	第二爆密集期至尾期	咖啡香气中带有树脂、香料、碳化等深沉内敛的气味，是传统意大利南部烘焙程度，表面带有一点油脂的痕迹，酸度被轻微的焦苦所代替，口感回甘持久
	意式烘焙	第二爆结束	这是最深的烘焙阶段，烘焙度在碳化之前，有焦糊味，苦味/碳味是其主要的风味。所烘焙出的咖啡豆呈黑色、表面泛有油脂，用它冲调出的咖啡苦味非常强劲（几乎只有苦味）

三、咖啡烘焙过程的三个关键点

1. 暖锅

烘焙时需参考所用烘焙机的参数，烘焙的基本入豆温度一般以200℃为基准，所以必须先让锅炉的温度稳定在200℃以上，将风门设定为最大风门，暖锅时间是30～

45 min，45 min之后温度到达200 ~ 210℃，暖锅就算完成。如果锅炉温度在210℃，需要200℃下锅，那么可以关闭风门，使温度落在200℃，就可以进行下一步——下豆了。最好不要快速升温，因为在烘豆机中，过大的火力只会增加锅炉表面的温度，而不能增加整个锅炉的温度。

2. 根据生豆性质决定入豆温度

不同品种和产地的咖啡生豆性质不同，故烘焙过程中的入豆温度也应当有所差异。我们需先判断生豆的基础条件，再决定烘豆方法。以烘焙巴布亚新几内亚天堂鸟的铁皮卡种为例，经判断，它是一款水洗加工、密度较低、水分含量10%的生豆。然后，依据现有的生豆状态设定投入温度，入豆温度设定在200℃。由于这种豆自带清爽酸味和水果香气，为密度低的生豆，不太适合深烘焙，因此选择中度偏浅烘焙，并把重点放在第一次爆裂后的火力调整。

3. 火力调整

烘焙的过程很棘手：火太强，则外熟内生；火太弱，则内熟过火。要将咖啡豆烘焙得内外一致，控制好火候是重点。好的烘焙能将生咖啡豆所具有的香味、酸味、苦味巧妙地表现出来。

四、咖啡烘焙技能的层次

咖啡烘焙是一门易入门而难以精通的学问，如同烹饪一样，任何人都能烹调食物，但要烹调出色、香、味俱佳的美食并不容易。烘焙咖啡也是一样，会烘焙咖啡不等于能烘焙出好咖啡。我们可以简单地将“咖啡烘焙”的技能归纳为三个层次。

1）第一层级：基础烘焙

达到这一层级的咖啡烘焙师应熟知咖啡豆烘焙的基础技能，有能力将咖啡生豆烘焙成具有商业价值的咖啡豆。“具有商业价值”代表烘焙出来的咖啡豆能得到市场的接受与认同。如果一个人自认为会烘焙咖啡，但是他烘焙的咖啡豆除了自己以外，没有别人愿意花钱购买，那么他只属于玩家休闲性质，连第一层级都不到。

2）第二层级：调整烘焙

达到这一层级的咖啡烘焙师应有能力自如地调整咖啡豆的各项感官元素，如烘焙形态、醇厚度、前中后段的风味、明亮度、丰富度、蔗糖甜味、焦糖甜味、RD（roast delta）值、质感及触感，并且熟知咸味、涩味、苦味的各种来源与成因，懂得如何去除或避免令人不悦的味道。他们熟悉自己使用的烘焙机器和设备，并且知道如何在不改变烘焙度的前提下，增加、凸显、减弱或去除某方面的风味表现。到达“调整烘焙”

层级的烘焙师能够根据心中的烘焙蓝图以及顾客的要求，对每一炉咖啡豆进行风味调整及优化。

3）第三层级：艺术烘焙

当咖啡烘焙师已经达到第二个层级之后，往更高境界的第三层级迈进是唯一的道路。艺术烘焙是理性与感性的结合，他们所熟知的一切烘焙技艺不再是主角。丰富过人的技艺、知识与经验不再占据他们的脑袋，咖啡豆与烘焙的火焰成了画布与画笔，呈现出来的是真实灵魂、是人生观、是梦想、是观点、是价值。

第五节 咖啡烘焙机

常见的咖啡烘焙机根据用途的不同可分为商业用烘焙机和家用烘焙机两类。

一、商业用烘焙机

商业用烘焙机按制造原理可以分为三类：直火式、半热风式和热风式，后两种烘焙效果更佳，是精品咖啡市场上的主流。

1. 直火式烘焙机（direct fire roaster）

人类最早使用的咖啡烘焙工具都是直火式，即用火烤热滚筒，再传热给筒内的生豆。虽然电动机的动力不停地带动滚筒转动，翻搅筒内的咖啡豆，试图让每粒咖啡豆都能平均地碰触到炽热的铁壁，达到均衡烘焙的目的，但是这种烘焙方法仍有很多缺点：铁的导热速度不快，必须花费较多的时间来完成烘焙；火加热的是滚筒的外部，热气却消散于空气中，对热量的利用率很低；当生豆接触滚筒内壁的时间过长时，容易被烧焦，造成苦味和焦味；烘焙时，有许多碎屑迸出，留在筒内的碎屑易附着在咖啡豆的表面，将使风味变得混沌。

直火式烘焙机（图4－6）的锅炉表面有穿孔设计，洞孔有一定的大小和间隔，底下的炉火会直接将热量传导到炉仓内。它对烘焙师的技术要求很高，烘焙师在这个阶段的火力调节要非常小心。

直火式烘焙机的优点：

（1）预热时间短：与热风式和半热风式烘焙机相比，直火式烘焙机的炉壁较薄，因此锅炉整体平均预热时间较短。

（2）可以将庄园豆的风味表现得具有独特性：直火烘焙的过程，是经由炉火直接将热度传递给生豆的，也就是热能由生豆的外部组织渐渐往内部组织深入的烘焙方式。

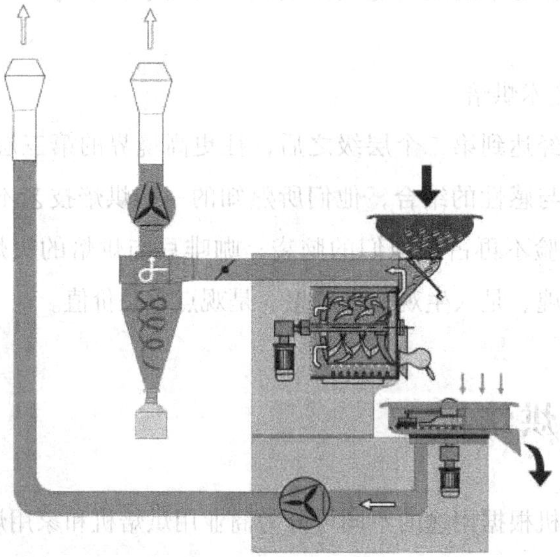

图 4-6　直火式咖啡烘焙机

直火烘焙可以配合生豆的特征，调整火力和风门，并根据生豆的状况选择低温烘焙或高温烘焙。低温烘焙适合较大的生豆投入量，而高温烘焙适合较小的投入量。

（3）适合单一配豆或者单品豆咖啡：直火烘焙可以表现咖啡的风味和香气，效果比热风或者半热风烘焙要好。

直火式烘焙机的缺点：

（1）锅炉内热度不易调整：因为锅炉整体都有洞孔设计，当炉火在炉底提供第一次火力后，热能立刻会从别的洞孔中散发，会出现热力不足的现象。如果为了补充热力而将温度升高，当火力超过所放入的生豆量可以承受的程度时，就会烤焦豆子。所以要视放入的生豆量来仔细调整火候，才能得到很好的出品。确认“转黄”出现的时间和第一爆的时间很重要。

（2）不易均匀烘焙：因为热能在锅炉内部停留的时间不足，所以直火烘焙容易受热不均。在这种情况下，不用调整火力，可以调整风门（damper）。调整风门时，还需要看当时的气压，风门在低气压下需要比在高气压下打开得更大。否则，银皮就不容易排出，并会产生较多的烟雾。如果烟雾排除不完全，就会与咖啡的味道和香气产生冲突，使咖啡有一股烟熏味。

（3）容易受外部影响：影响直火烘焙的外部环境因素包括室内温度、室外温度、空气流通性、天气状况等。

2. 半热风式烘焙机（half hot air roaster）

半热风式烘焙机（图 4-7）是目前最流行，也是最好掌控的咖啡烘焙方式。它可以弥补直火式烘焙机的缺点，提高安全性，还能轻松地表现出咖啡的香气和风味。

半热风式烘焙机的优点：

（1）锅炉内部的温度容易调整：半热风式烘焙机的火力比较稳定，所以不受外界环境的影响。只要调节火候，就可以很容易地控制每个烘豆阶段所需要的火力。但它在豆子第一爆后的处理方法和直火烘焙机不同。第一爆后应该将火力集中于锅炉内部，即使火力减弱，也要注意不让温度下降，从而为提供生豆膨胀时所需要的充足能量做好准备。因此，要注意第一爆后炉内的温度是否下降，如果温度不够就需要加1～2格的火力。

（2）火力稳定，帮助生豆均匀膨胀：半热风式烘焙机的火力稳定，可以使生豆内外部组织受热均衡，从而使咖啡豆的风味和香气相对比较稳定。与直火式烘焙机烘出的豆子相比，同样的烘焙度下，半热风式烘焙机烘出的豆子颜色要偏淡一些。

（3）适合拼配咖啡的烘焙：对于由各种密度不同的豆子混合而成的拼配咖啡豆，半热风机器的加热更加稳定，因为传达的热能更加平均。半热风式烘焙机提供的热能会到达豆子的中心部分，所以即便生豆密度不一致，烘豆机所提供的热量也可以被生豆完全吸收。

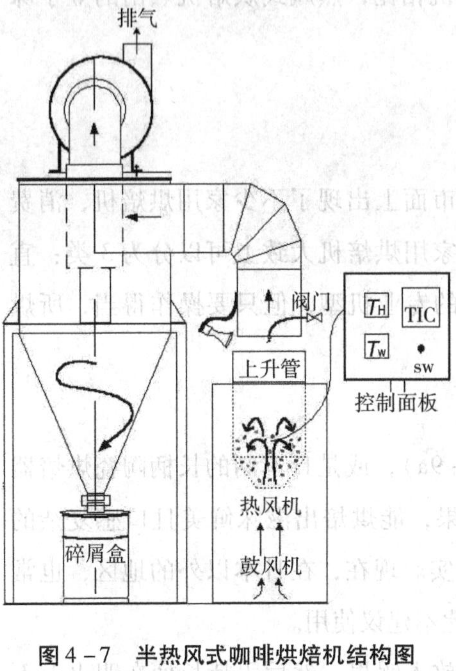

图4－7　半热风式咖啡烘焙机结构图

图4－8　热风式咖啡烘焙机

3．热风式烘焙机（hot air roaster）

热风式烘焙机（图4－8）利用鼓风机吸入空气，再让空气通过一个加热线圈使其温度升高，利用热风作为加热源来烘焙咖啡豆。热风不但可以提供烘焙时所需要的温度，也可以利用气流的力量翻搅咖啡豆。

热风式烘焙机的优点：热效率高，加热快，生豆受热比较均匀，易控制。

热风式烘焙机的缺点：

（1）因为加热效率高，容易导致升温过快，造成豆子“夹生”，而且升温过高容易使焦糖化反应不够充分。

（2）得到的咖啡豆酸度明显，味道比较干净单纯但丰富性不够、缺乏深度，而且深度烘焙容易产生刺激性味道。

（3）需要充足的预热时间：与直火相比，热风式的烘豆机至少需要 30 min 预热。如果预热不充分就进行烘焙，豆子的组织无法均匀膨胀，会造成咖啡豆颜色不一致，咖啡豆的风味和香气的稳定性也不佳。

（4）要特别留意最初的火力设定：在第一次吸热反应过程中，如果火力对于生豆量而言过大，会造成第一爆时间提早。若吸热反应已经开始，调整火力就难了。这样会让第一爆和第二爆的时间间隔太小，无法辨别，烘出来的豆子会因没有烤熟而夹杂着草味和生豆味。

（5）咖啡的风味和香气单一：与直火式烘焙机相比，热风式烘焙机烘出的豆子味道单一，只有好的烘焙师才能弥补这一缺陷。

二、 家用烘焙机

近年来，随着小量烘焙咖啡豆的热潮兴起，市面上出现了不少家用烘焙机，消费者自己烘焙咖啡豆变成了相当简单的事。目前的家用烘焙机大致上可以分为 3 类：直火式、热风式与滚筒式。虽然这些都不是很精密的专业机型，但只要操作得当，所烘焙出来的咖啡豆依然香醇。

1. 直火式：陶瓷烘焙器或平底锅

直火式的器具最简单，可以是平底锅（图 4 －9a），或是日本制的长柄陶瓷烘焙器（图 4 －9b）。陶瓷烘焙器为封闭式，有焖煮的效果，能烘焙出滋味鲜美且口感复杂的咖啡；用它烘焙出的咖啡豆口味最自然，而且厚实。现在，在日本以外的地区，也常可以买到这种陶瓷烘焙器。平底锅效果不佳，因此不建议使用。

陶瓷烘焙器的烘焙方法很简单，首先将生豆放入锅里，然后手持长柄在明火上不断地摇晃加热。烘焙者可以自己控制火力的大小，掌握烘焙时间。

这种工具的缺点是没有热风吹掉银膜与碎屑，较容易有杂味；此外，它也没有冷却功能，烘焙后需将豆子倒入篮子里，用扇子或电扇来冷却，比较麻烦。

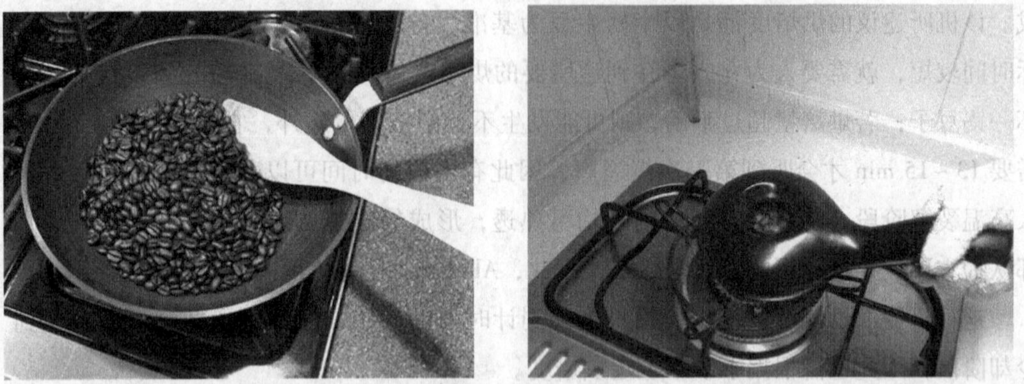

（a）平底锅　　（b）长柄陶瓷烘焙器

图 4－9　直火式的烘焙工具

2. 热风式：热风式爆米花机或热风式家用烘焙机

热风式爆米花机本来是制作爆米花用的，后来有人用来烘焙咖啡豆，因效果尚佳，曾经风靡一时。它的缺点是：没有收集碎屑的功能，热风吹得碎屑膜到处飞扬，事后须费工夫清理；而且加热速度太快，4 ~ 5 min 便可听到第一次爆裂声，水分没有完全蒸发，口感不够饱满，略微偏酸。爆米花机一次可以烘焙 100 g 左右的生豆，生豆量不足或超出太多便无法烘焙。此外，它没有自动停机的功能，使用时要在一旁照看，否则可能会烧掉整锅豆子。

在饮用咖啡风气较盛的地区，热风式家用烘焙机在咖啡专卖店或网店都很常见，可用于普通家庭的咖啡烘焙。操作时，操作者须一直在旁边根据烘焙情况调节火候。

由于没有收集碎屑及冷却的功能，使用热风式家用烘焙机难以获得干净的烘焙豆。此外，理想的烘焙度设定功能应该是判断温度后自动停止烘焙，但这类机器的烘焙度设定功能只是起到计时的作用，时间到了，便自动停止加热。而由于冬天与夏天的气温相差很多，烘焙咖啡所需的时间也不同，所以设定烘焙度时要根据季节来调节，可能会相差一个刻度以上。

3. 滚筒式家用烘焙机

传统的烘焙机都是滚筒式，在火源烘烤下滚筒不停地转动。这种烘焙方式具有焖烧的特性，会使咖啡豆风味较老成，口感较饱满，与陶锅的效果相似。Swissmar 公司所制造出品的 Alpenrost 机型，就属于家用的滚筒式烘焙机。它一次可以烘焙半磅（约 227 g）的咖啡豆，一次的烘焙时间（含冷却与出豆）需 21 ~ 25 min，烘焙度越深，所需的时间越长。

使用时，只要放入生豆，设定烘焙度，按下启动钮即可，从烘焙到冷却均自动完成。该机所建议的烘焙度都是以半磅生豆为基准。若烘焙量小于半磅，烘焙所需的实际时间较短，就需要人为介入，在到达所要的烘焙度时，按下“冷却”钮，否则会烧坏一锅豆子；若烘焙量超过半磅，则可能发生不熟的情形。此外，它的加温速度较慢，需要 13 ~ 15 min 才会听到第一次爆裂声，因此有足够的时间可以蒸发水分，然后才进入高温裂解阶段，使得咖啡豆的内外均可熟透，形成较丰厚的质感。大部分的烘焙师都认为它比较接近商用的专业烘焙机，因此，Alpenrost 在北美地区有不错的销路。

这种机器的烘焙度设定功能也只是起到计时器的作用，时间到了便会自动切换到冷却阶段，因此也需根据季节来设定烘焙度。

在冬天，由于加热的速度太慢，这种机器无法使半磅的生豆达到意式浓缩咖啡（espresso）的烘焙度。因此，若想要得到重烘焙的咖啡豆，应适度减量。另外，它的碎屑收集功能只是来自底部的一个小盘子，烘焙中碎屑与银膜可以自动掉落到盘子里，并没有热风吹赶碎屑，所以烘焙豆的碎屑很多，建议用铁网筛除碎屑，否则会产生较多的杂味。此外，机器内部的死角较多，焖烧的烟雾容易留下油污，事后的清洁工作很费时间。

三、咖啡烘焙机的主要品牌

市面上的咖啡烘焙机品牌众多，如 Probat，Diedrich，San Franciscan，Toper，Garanti，Has Garanti，Joper，Proater，Loris，Fuji-Royal 和 Bonmac 等。我国上海的三豆客也是不错的品牌。以下对几个品牌稍作介绍。

1. 德国的 Probat 咖啡烘焙机

Probat 在 1848 年生产出第一台咖啡烘焙机，至今已经有 140 多年的历史。其公司位于德国与荷兰的边界 Emmerich，坐落在莱茵河畔。Probat 在咖啡业内被誉为“烘焙机中的劳斯莱斯”，不但有精美的外形设计，更重要的是它可以非常精准而细腻地表达出烘焙师的思想和烘焙理念。正如专业的摄影师会选择哈苏、徕卡相机一样，世界上最著名的咖啡品牌几乎都在使用它。

2. 中国台湾的 E-train 咖啡烘焙机

这个品牌的家用小型烘焙机采用电热烘焙，保温效果好，烘豆品质稳定，不受外在气候变化影响，安全好操作，适合对烘焙有兴趣的“入门级选手”。一些咖啡豆产地的农民也会用它来烘焙，因为烘焙一次的用豆量比较少，而且价格比较便宜，这样既可以让他们大概知道自家产的豆子质量如何，又不会浪费豆子。

3. 中国台湾的杨家飞马咖啡烘焙机

杨家飞马烘豆机有 500 g 级的 800N、1 kg 级的 801N、4 kg 级的 803N 等经典机种，性价比较高，在台湾的烘豆机市场占有率至少有 80%。其特制的铸铁内锅优于美日机种，煤气/天然气加热稳定性、灵敏性皆高，有独立冷却风机，降温效果极佳。

4．中国上海的三豆客咖啡烘焙机

三豆客公司的几位创始人原本是在核电和航天工业中的工程师，他们在造烘焙机的同时加入了一些创新，比如采用无轴内锅（不会破坏咖啡豆运动轨迹）、铸铁内锅表面有等离子喷涂远红外陶瓷（发射远红外线穿透咖啡豆加热，外层陶瓷保护内锅，火力大时能够有效避免豆表烫伤）等。但实际使用的感受是有些功能华而不实，还有待改进，综合价格、做工、功能来说，这款机器为中等水准。

第六节　咖啡烘焙中的有害物质及其控制

咖啡在烘焙过程中既会经历一系列的物理变化，也会经历美拉德反应、降解反应和糖类的焦糖化等一系列化学变化，形成特有的风味与香气，从而让咖啡生豆转变成风味迷人与香气丰富的咖啡熟豆。然而，咖啡在高温烘焙加工过程中还会“顺带”产生一种物质——丙烯酰胺。丙烯酰胺是一种潜在致癌物质，短期接触大量丙烯酰胺会对人和动物的中枢神经造成损伤，人体长期小剂量接触丙烯酰胺则会出现四肢末端麻木、无力等症状，故在咖啡烘焙过程中应尽量控制和减少丙烯酰胺的形成。

一、丙烯酰胺的化学及毒理学性质

1．丙烯酰胺的化学性质

丙烯酰胺（acrylamide，AA）纯品为白色透明片状晶体，是一种极易溶于水、二甲醚和甲醇，微溶于甲苯，不溶于苯的有机固体化合物。分子式为 C_3H_5NO，相对分子质量为 71.08，相对密度为 1.122（30℃），熔点 84～85℃，沸点 125℃。

丙烯酰胺的化学性质相当活泼，对光线较敏感，当暴露于紫外线条件下时易发生聚合反应；在碱中易分解；加热分解会释放出辛辣刺激的烟雾；当进行脱水反应时会生成丙烯腈。其结构中的双键可以发生迈克尔型加成反应（图 4－10）。

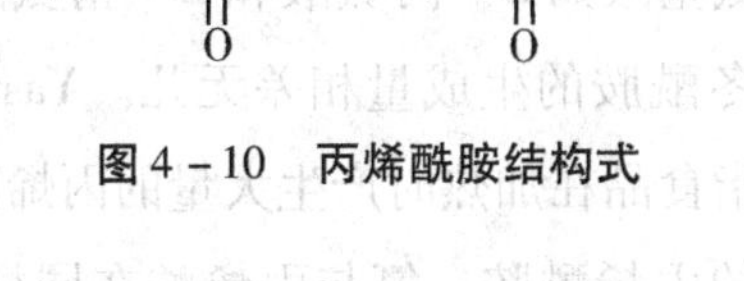

图 4－10　丙烯酰胺结构式

2. 丙烯酰胺的毒理学性质

丙烯酰胺可溶解于水，通常以水为载体，经口、皮肤、黏膜和呼吸道进入人体。一旦进入体内，可以快速分布于全身各处组织中，例如肌肉组织、肺部和脾脏等。丙烯酰胺被国际癌症研究机构（International Agency for Research on Cancer，IARC）列为2A组“可能的人类致癌物”。Johnson等利用小鼠来研究丙烯酰胺的致癌性，结果表明丙烯酰胺可增加肿瘤发生率。丙烯酰胺的强毒性质，可以引起人体神经，主要是周围神经的损害。丙烯酰胺的神经毒性主要表现为周围神经退行性变化和神经细胞炎性水肿、死亡，甚至能引起神经系统不可恢复的损坏。

体外和体内试验表明，丙烯酰胺可能有生殖毒性和致畸性。其生殖遗传毒性可以使大鼠产生多种器官肿瘤，使细胞产生基因突变等。丙烯酰胺及其代谢物环氧丙烷都是蛋白质的烷化剂，环氧丙烷还能够攻击DNA分子引起基因突变，并具有明显的积累效应。一项研究显示，用丙烯酰胺处理小鼠2年之后，雌性大鼠的乳腺、中枢神经系统、甲状腺滤泡上皮、口腔组织、子宫和阴蒂腺的肿瘤发生概率增加，雄性大鼠的甲状腺滤泡上皮和阴囊间皮肿瘤发生概率增加。

二、烘焙过程中丙烯酰胺的形成路径

烘焙过程中，丙烯酰胺的主要形成路径是由天门冬酰胺通过美拉德反应产生。在烘焙加工过程中，咖啡豆中的天门冬酰胺可以和还原性物质（如糖类等羰基化合物）发生氧化还原反应而生成席夫碱（Schiff碱），席夫碱含有亚胺基团，在自身的脱水脱氨反应后形成更稳定的羰基产物，天门冬酰胺再与羰基发生降解的脱羧脱氨反应生成丙烯酰胺；同时，席夫碱亦可以发生分子内的环化脱羧而形成羧基糖胺化合物，该化合物在高温条件下发生C—N单键的断裂而形成丙烯酰胺。

除了天门冬酰胺途径，在食品中一些热驱动反应也可能产生丙烯酰胺。热驱动反应中最主要的中间产物有丙烯醛、丙烯酸、3－氨基丙酰胺（3-APA）。丙烯醛可以通过不同途径形成丙烯酰胺，包括脂质的氧化降解生成丙烯酸再形成丙烯酰胺。脂质在加热过程中会生成2－辛烯醛、2,4－癸二烯醛、$\alpha,\beta,\gamma,\delta$－双不饱和甘油酯羰基等物质，当美拉德反应中的羰基化合物反应完后，脂质生成物会充当新的羰基化合物，促进丙烯酰胺的生成。天门冬酰胺在没有蔗糖或者羰基源的作用下会通过脱羧反应释放丙烯酸。除天门冬酰胺外，其他氨基酸如L－丙氨酸和L－精氨酸在高于180℃的温度下可释放丙烯酸，生成量与天门冬酰胺的生成量相差无几。Yasuhara等通过建立美拉德反应系统模型研究发现，高油脂食品在加热时产生大量的丙烯酰胺，而且在180℃条件下氨和丙烯醛反应产生相当多的丙烯酰胺；氨与丙烯酸在同样条件下反应，产生丙烯酰胺的量更大。从理论上讲，在温度足够高的烘焙咖啡中，类似的反应机制也是可能发生的。

烘焙中丙烯酰胺的形成路径如图 4 – 11 所示。

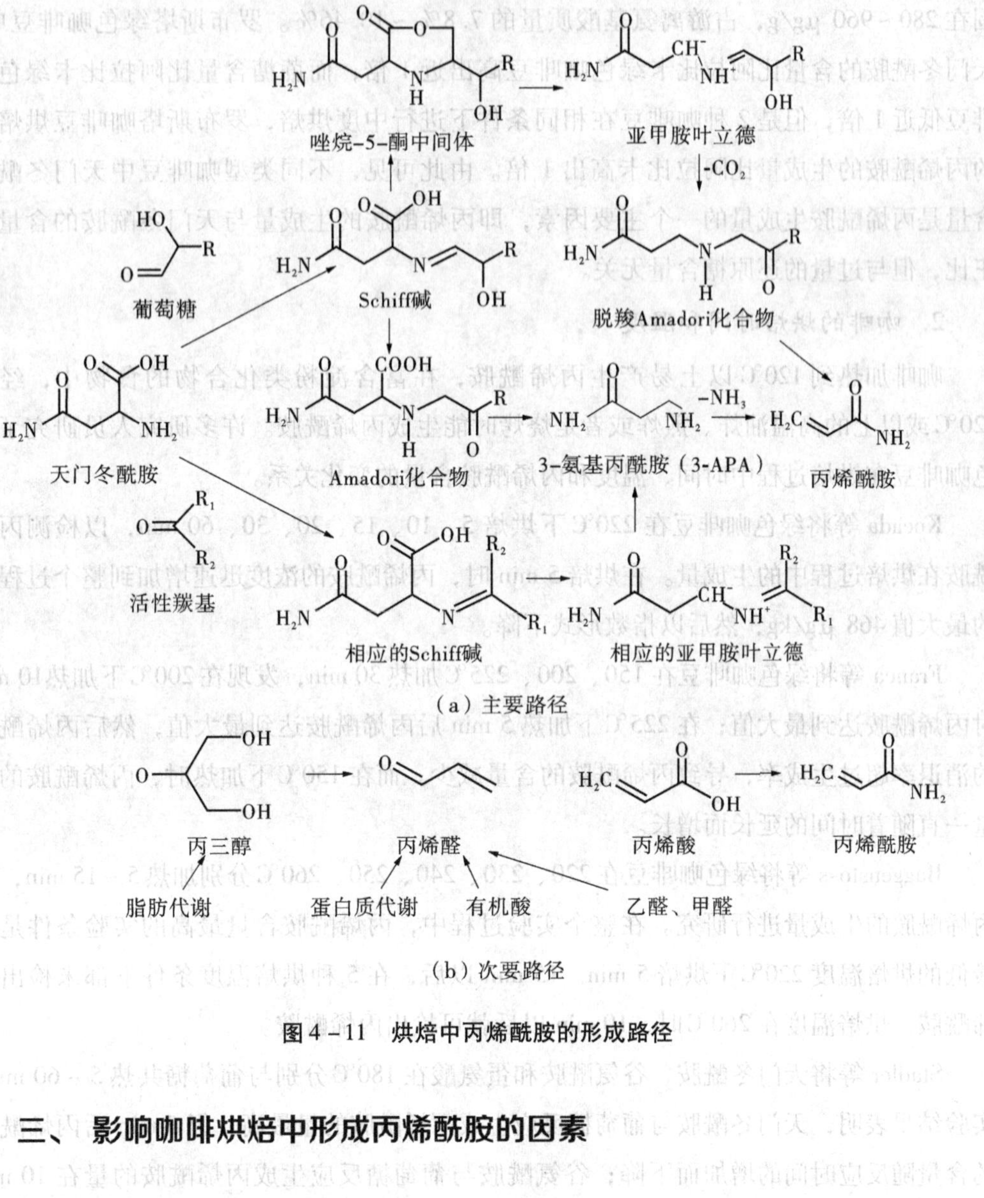

图 4 – 11　烘焙中丙烯酰胺的形成路径

三、影响咖啡烘焙中形成丙烯酰胺的因素

1. 咖啡豆类型

不同类型的咖啡豆，其中所含的游离氨基酸、可溶性碳水化合物、蛋白质、不溶性多糖及矿物质是存在很大差异的。世界上咖啡有 3 大原生种，阿拉比卡、罗布斯塔和利比里亚。利比里亚咖啡豆由于香气差，风味苦，豆粒大小不一，较少用于商业咖啡豆。因此，最具有商业价值而被大量种植的 2 种咖啡豆是阿拉比卡和罗布斯塔。

已有研究数据表明，绿色咖啡豆中主要含有不溶性多糖（34% ~53%，质量分数，下同）、可溶性碳水化合物（6% ~12%）、脂质（8% ~18%）、蛋白质和游离氨基酸（9% ~12%）、矿物质（3% ~5%）、绿原酸（5% ~12%），其中天门冬酰胺的含量范围在 280 ~960 μg/g，占游离氨基酸质量的 7.8% ~10.46%。罗布斯塔绿色咖啡豆中，天门冬酰胺的含量比阿拉比卡绿色咖啡豆高出近 1 倍，而蔗糖含量比阿拉比卡绿色咖啡豆低近 1 倍，但是 2 种咖啡豆在相同条件下进行中度烘焙，罗布斯塔咖啡豆烘焙后的丙烯酰胺的生成量比阿拉比卡高出 1 倍。由此可见，不同类型咖啡豆中天门冬酰胺含量是丙烯酰胺生成量的一个主要因素，即丙烯酰胺的生成量与天门冬酰胺的含量成正比，但与过量的还原糖含量无关。

2. 咖啡的烘焙时间和温度

咖啡加热到 120℃以上易产生丙烯酰胺，在富含淀粉类化合物的食物中，经过 120℃或以上的高温油炸、煎炸或者是烧烤时能生成丙烯酰胺。许多研究人员研究了绿色咖啡豆在烘焙过程中时间、温度和丙烯酰胺含量的变化关系。

Kocada 等将绿色咖啡豆在 220℃下烘焙 5、10、15、20、30、60 min，以检测丙烯酰胺在烘焙过程中的生成量。在烘焙 5 min 时，丙烯酰胺的浓度迅速增加到整个过程中的最大值 468 μg/kg，然后以指数形式下降。

Franca 等将绿色咖啡豆在 150、200、225℃加热 30 min，发现在 200℃下加热10 min 时丙烯酰胺达到最大值；在 225℃下加热 5 min 后丙烯酰胺达到最大值，然后丙烯酰胺的消退率超过生成率，导致丙烯酰胺的含量减少。而在 150℃下加热时，丙烯酰胺的含量一直随着时间的延长而增长。

Baggenstoss 等将绿色咖啡豆在 220、230、240、250、260℃分别加热 5 ~15 min，对丙烯酰胺的生成量进行研究。在整个实验过程中，丙烯酰胺含量最高的实验条件是在最低的烘焙温度 220℃下烘焙 5 min。15 min 以后，在 5 种烘焙温度条件下都未检出丙烯酰胺。烘焙温度在 260℃时，10 min 以后就可检出丙烯酰胺。

Stadler 等将天门冬酰胺、谷氨酰胺和蛋氨酸在 180℃分别与葡萄糖共热 5 ~60 min。实验结果表明，天门冬酰胺与葡萄糖反应生成丙烯酰胺的量最高，但 5 min 后丙烯酰胺的含量随反应时间的增加而下降；谷氨酰胺与葡萄糖反应生成丙烯酰胺的量在 10 min 时达到最高，而后保持不变；蛋氨酸与葡萄糖反应生成丙烯酰胺的量在 30 min 前随加热时间延长而增加，而后达到一个平稳水平。

一般认为在咖啡豆烘焙过程中，丙烯酰胺随时间、温度的变化规律是：烘焙温度在 120 ~180℃时，降低加工温度和减少加热时间可减少丙烯酰胺最终生成量；烘焙温度在 200℃以上时，温度越高，时间越长，丙烯酰胺的最终含量越少。实验表明，深烘焙咖啡豆比中烘焙咖啡豆的丙烯酰胺平均生成量要低一些。

3. 水分活度

水分活度指的是在密闭空间中，某一种食品的平衡蒸汽压与相同温度下纯水的饱和蒸汽压的比值。

在天门冬酰胺/葡萄糖体系中，水分活度较低时（0.07～0.22），其对丙烯酰胺的生成速率并不会起到明显作用。而水分活度在0.33～0.71时，随着水分活度的增加，其对丙烯酰胺的生成速率抑制作用增强。在水分活度为0.82左右时，美拉德反应中丙烯酰胺的消除速率常数最小。而咖啡中的水分含量较低，其水分活度也比较低，对烘焙加工过程中丙烯酰胺的形成影响相对较小。

四、减少咖啡中丙烯酰胺形成的方法

1. 控制咖啡烘焙温度和时间

调整咖啡烘焙温度和时间对减少丙烯酰胺有一定的作用。有研究表明，在高温下延长加热时间，丙烯酰胺的含量会减少。这可能是因为咖啡豆在180～190℃时会出现爆裂现象，且此时的温度已经达到丙烯酰胺的沸点，可能会导致丙烯酰胺挥发，从而降低咖啡豆中丙烯酰胺的含量。在咖啡豆烘焙加工过程中，在温度为120℃时就易产生丙烯酰胺，而当烘焙温度达到220℃时，因远远高于丙烯酰胺的沸点而使其挥发。

另有研究发现，在低温下延长加热时间，丙烯酰胺的含量并不会降低。因此，当烘焙温度在120～180℃时，宜降低烘焙温度、减少烘焙时间，从而减少丙烯酰胺的生成量；而烘焙温度在200℃以上时，烘焙温度和烘焙时间可适当延长，挥发掉咖啡中的丙烯酰胺，使其含量最少。

2. 采用超临界CO_2萃取

通过利用超临界CO_2萃取的方法对经过高温烘焙后的咖啡豆进行萃取，可以脱除咖啡中的丙烯酰胺。Bagdonaite等用超临界萃取技术对烘焙后的咖啡豆进行处理，以消除丙烯酰胺。由于超临界混合溶剂的极性的变化，添加乙醇后提取率增强，最高脱除率可达79%。

3. 真空条件下烘焙加工

丙烯酰胺的沸点为125℃（3.33 kPa），热加工食品在真空条件下处理可使其中的丙烯酰胺挥发，从而降低丙烯酰胺的含量。有研究人员在200℃下分别在真空条件（0.15 kPa）和大气压条件下烘焙咖啡豆，结果真空烘焙咖啡豆比传统烘焙咖啡豆的丙烯酰胺的含量少50%，且真空条件下处理的咖啡豆，烘焙后的颜色和口感与传统烘焙相似。

4. 延长储存时间

有研究表明，烘焙咖啡中的丙烯酰胺含量在储存期间会降低。Delatour 等将烘焙咖啡在室温下储存 6 ~ 12 个月后，丙烯酰胺的含量减少 40% ~60%。而 Hoenicke 等将烘焙咖啡在 10 ~ 12℃下储存 3 个月后，丙烯酰胺的含量减少 30%；随着存储时间的增加（12 个月），烘焙咖啡中的丙烯酰胺缓慢分解，含量逐渐降低。实验结果表明，当烘焙咖啡分别在 -18℃、-4℃、室温、37℃下存储 12 个月后，储存温度维持在 37℃的咖啡豆丙烯酰胺的含量最低。在长期存储条件下，咖啡中丙烯酰胺含量的减少遵循二级反应动力学方程，所需的活化能大约为 73 kJ/mol。

5. 利用外源添加剂

使用合适的添加剂可以有效控制烘焙咖啡中丙烯酰胺的含量，目前研究的添加剂主要有氨基酸、酶制剂、抗氧化剂等。添加抗氧化剂可以阻碍烘焙咖啡中的还原性物质（如糖类等羰基化合物）与天门冬酰胺发生反应生成丙烯酰胺；添加对丙烯酰胺有特定水解作用的酶制剂，如芳基酰胺酶等，可将咖啡豆烘焙加工过程中形成的丙烯酰胺进行水解，从而降低烘焙咖啡中丙烯酰胺的含量。特定的氨基酸，如含有硫醇基团的氨基酸，可以与丙烯酰胺的碳 - 碳双键发生反应，进而减少烘焙加工过程中丙烯酰胺的形成。

烘焙咖啡中的丙烯酰胺对人体有害，通过以上几种方法，可以有效降低烘焙咖啡豆中丙烯酰胺的含量，使咖啡成为一种更加健康的饮品。

第五章

咖啡的成分、风味与功效

咖啡中的重要成分除了主要的生物碱咖啡因以外，还包括葫芦巴碱、绿原酸、咖啡多酚、蛋白质与氨基酸类、矿物质和类芳香化合物等几十种，正是这些成分共同构成了咖啡独特的营养价值与香味。本章就咖啡的主要成分、风味成分以及咖啡的功效加以介绍。

第一节　咖啡的主要成分

咖啡中除了咖啡因之外，还包括蛋白质、油脂、糖类和其他成分。网上有一份流传较广的咖啡营养成分表，其中说到每 100 g 咖啡豆中大致含：水分 2. 2 g、蛋白质 12. 6 g、油脂 16 g、糖类 46. 7 g、纤维素 9 g、灰分 4. 2 g、钙 120 mg、磷 170 mg、铁 42 mg、钠 3 mg、维生素 B 20. 12 g（烟酸 3. 5 mg）、咖啡因 1. 3 g、单宁 8 g。而每 100 g 咖啡浸出液含：水分 99. 5 g、蛋白质 0. 2 g、油脂 0. 1 g、灰分 0. 1 g、糖类微量、钙 3 mg、磷 4 mg、钠 2 mg、维生素 B 20. 01 mg、烟酸 0. 3 mg。

这些数据可以让我们对咖啡的主要成分有一个大致的了解，但是不同品种的咖啡豆中各种成分的含量有一定的差异，而且咖啡生豆和不同烘焙程度的熟豆中各成分的含量也有较大的差异。例如，在中林敏郎等人所著的《咖啡烘焙的化学与技术》一书中，就对生豆和熟豆中营养成分的异同进行了比较，如图 5 - 1 所示。因此，由于不同研究中选用的样品存在差异，本节内容中引用的各成分含量数据无法完全统一，也不可能适用于每一种咖啡豆，我们只要有一个定性的认知就可以了。

1. 咖啡因

咖啡因是咖啡所有成分中最引人注目的。咖啡因是一种黄嘌呤生物碱化合物，性质和可可内含的可可碱、绿茶内含的茶碱类似，烘焙前后的含量变化极微小。

咖啡因的作用极为广泛，会影响人体脑部、心脏、血管、胃肠、肌肉，以及让心肌机能变得活泼，扩张血管和增强血液循环，并提高新陈代谢机能。咖啡因也可减轻

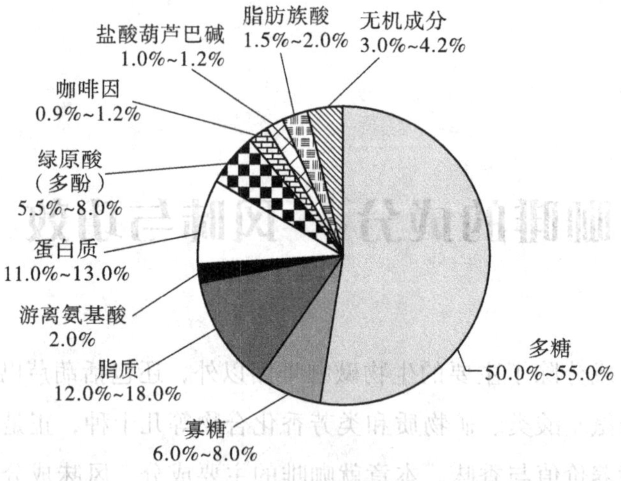

（a）生豆成分

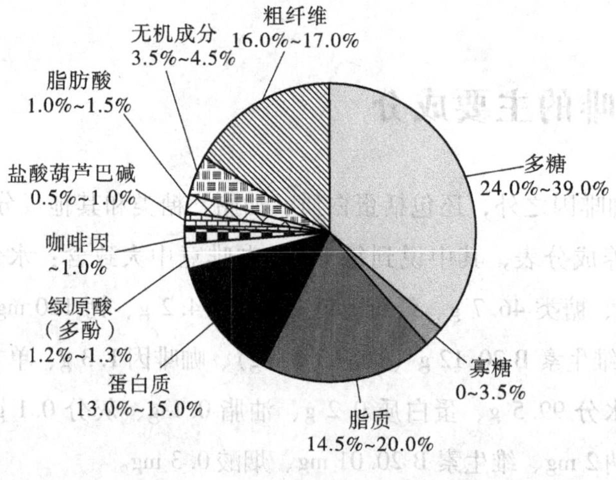

（b）烘焙熟豆成分

图5－1　生、熟咖啡豆的主要营养成分

肌肉疲劳，促进消化液分泌。

咖啡因也会影响肾脏机能，帮助排出体内多余的钠离子（阻碍水分子代谢的化学成分），而且在提高利尿作用后，咖啡因不像其他麻醉性、兴奋性物质（麻醉药品、兴奋剂之类）那样会在体内累积，约在两小时后，便会被排泄出去。

咖啡因在咖啡生豆中的含量因品种的不同而有很大的差异。阿拉比卡咖啡生豆平均咖啡因质量分数为1.2%～1.5%。近年在爪哇及科特迪瓦已栽培出低咖啡因品种的咖啡豆，其咖啡因的含量仅为0.2%。咖啡因可以利用多种加工方法去除，加工的低咖啡因咖啡生豆的咖啡因含量为0.3%以下。咖啡因没有异臭，具有显著的苦味，但无法利用咖啡苦味程度来判断咖啡因含量之多寡，因为咖啡因的苦味仅占咖啡苦味的一小部分，所以低咖啡因对于咖啡的苦味并未有太多的影响。

2. 单宁酸

单宁酸也是咖啡中重要的成分。单宁酸易溶于水，使咖啡产生酸味和甜味。美式咖啡的颜色会越放越深。这是因为咖啡中的单宁酸是一种极易被氧化的物质，单宁酸氧化后会变黑。咖啡中酸味的主要来源也是单宁酸。

3. 水分

咖啡豆的水分含量在不同加工阶段有很大的差异，含膜的潮湿咖啡豆的水分含量约为50%，而干燥咖啡生豆的水分含量为10%～13%，烘焙过的咖啡豆的水分含量仅为约5%。

4. 矿物质

矿物质（无机盐）在咖啡豆中的含量虽较少，约占咖啡生豆干重的4%，但却很重要。它含有多种不同的元素，其中钾的含量最高，质量约占所有矿物质的40%，其次为钙、镁、磷、钠及硫等，这些比较复杂的成分形成了咖啡特有的涩味。此外，还有许多含量在ppm级（μg/g）的微量元素，如锌、锰、铜、锄等。影响咖啡生豆矿物质含量及种类的最重要因素为土壤及栽培过程中施肥的状况。在咖啡的调制过程中，至少有90%的矿物质可从烘焙咖啡豆中被萃取出来，因此钾或其他矿物质在生豆中的含量和在咖啡可溶物中含量间的关系，可用来评估咖啡的萃取率。

5. 碳水化合物

咖啡豆中所含的碳水化合物主要是多糖类及低分子糖类，后者包含单、双及三糖类等碳水化合物。此外，又可以分成还原糖及非还原糖。碳水化合物中也含有一些糖类衍生物，如果胶等。碳水化合物对于咖啡的贡献在于味道、香气及颜色。在风味方面，碳水化合物不仅本身经过烘焙后会散发咖啡香气，同时也会吸附挥发性香气，使咖啡呈现特殊的风味。咖啡生豆的碳水化合物含量约为40%，其中8%～10%属于低分子糖类，会在烘焙过程通过焦糖化反应而转化成焦糖色素等成分，而多糖类等主要以纤维素形式存在。

1）低分子糖类

蔗糖是咖啡生豆中最主要的游离态糖类，其含量因品种、来源及成熟度不同而异。咖啡生豆萃取液中亦可测得其他简单的糖类，包括还原糖。咖啡生豆中也含有葡萄糖及果糖。咖啡豆在烘焙以后，低分子糖类的含量依烘焙程度之不同而有所差异，以蔗糖的损失最为快速，其轻度烘焙的损失率为97%，中度烘焙的损失率为99%，重度烘焙的损失率为100%。其他如葡萄糖、果糖及阿拉伯糖等，也都有相当程度的损失。

2）多糖类

多糖类是咖啡生豆中很重要的组成成分，占干重的40% ~50%。按种类来分，有聚合半乳糖、聚合甘露糖、聚合阿拉伯糖及纤维素等，这些物质都与咖啡豆的硬度有关。多糖类在经过烘焙以后，仍会保存有相当的量。研究发现，不同烘焙程度间的差异并不很大，多糖类的保留率在70% ~75%之间，其中又以纤维素的保留率最高，聚合阿拉伯糖最低。

6. 含氮化合物

咖啡生豆中的含氮化合物主要有咖啡因、葫芦巴碱、烟酸、蛋白质及游离氨基酸等。前文已介绍咖啡因，此处不再赘述。

1）葫芦巴碱

葫芦巴碱是具有吸湿性的无色结晶，在水中的溶解性极佳，它也具有低程度的药理作用，主要为预防和治疗脂肪肝、降血糖、降血脂等。葫芦巴碱对咖啡品质造成的直接影响是很微小的，其苦味仅为咖啡因的四分之一，由于它的存在量很少，因此对于口味上的影响亦不大。葫芦巴碱在烘焙过程中会快速分解，其损失率在50% ~80%之间，依烘焙温度及时间之不同而异。此外，葫芦巴碱会分解产生多种化合物，包括非挥发性的烟酸及29种挥发性物质，这些挥发性物质中已有9种被鉴定为蕴含咖啡香气物质。

2）烟酸

烟酸在咖啡生豆中的含量很少，但是在经过烘焙以后，则有增加的现象，这主要是葫芦巴碱分解作用的结果。但是研究结果发现，在烘焙的高温下，烟碱酸会继续分解成具有挥发性的化学物质，因此真正的增加量并不多。

烟酸又称尼克酸，是B族维生素之一。在体内构成烟酰胺腺嘌呤二核苷酸（NAD^+）及烟酰胺腺嘌呤二核苷酸磷酸（$NADP^+$）的辅酶，在生物氧化还原反应中起电子载体或递氢体作用。烟酸是人体中不可缺少的营养成分。

3）蛋白质及游离氨基酸

咖啡生豆中粗蛋白（含氮化合物）含量为13% ~16%，若扣除咖啡因及葫芦巴碱等含氮化合物，真正蛋白质的含量为8.8% ~9.7%。咖啡生豆中也含有多种酶，如油脂分解酶、蛋白质分解酶、糖类分解酶、半乳糖水解酶及过氧化酶等。咖啡生豆中含有0.15% ~0.25%的游离氨基酸，这些游离氨基酸对咖啡风味的影响程度较高，对口味的影响较少。经过烘焙后，蛋白质的含量为3.1% ~4.0%。蛋白质是咖啡热量的主要来源之一，但蛋白质在咖啡中所占的比例并不高，而且在冲泡咖啡时并不能完全溶于水，尤其是以滴漏式冲泡时。在煮咖啡时，咖啡中的蛋白质多半不会溶出来，所以喝再多的咖啡，摄取到的蛋白质也有限。

7. 绿原酸（chlorogenic acid）

咖啡生豆内绿原酸含量通常为8%～10%，绿原酸是一种由咖啡酸与奎尼酸生成的缩酚酸，是植物体在有氧呼吸过程中产生的一种苯丙素类化合物，大多数植物和水果中都有这种成分。绿原酸有抗氧化的作用，但却是造成咖啡尖酸涩苦的“元凶”，所幸绿原酸会在烘焙过程中被破坏，形成内酯结合在非酸性奎宁内酯（奎宁化合物）中。咖啡生豆在烘焙过程中，绿原酸含量约降低50%，即降为4%～5%，生成极复杂的产物。绿原酸的含量与咖啡的品质有密切的关系。

8. 油脂

咖啡内含的油脂在风味上占极为重要的作用，这些油脂分为多种，其中最主要的是酸性油脂和挥发性油脂。酸性油脂是指油脂中含有的酸性强弱会因咖啡种类不同而异，挥发性油脂是咖啡香气主要来源。烘焙过的咖啡豆内所含的油脂一旦接触到空气，会发生化学变化，味道香味都会变差。这些油脂分子有些具有亲水性，有些则具有疏水性。疏水性分子会与二氧化碳分子结合，与咖啡溶液相分离，因此如果过滤意式浓缩咖啡，其油脂和咖啡是可以相互分离的。

除二氧化碳以外，咖啡油脂还包含我们刚刚所说的疏水性油脂分子、水分子和部分芳香物质。油脂的存在增加了咖啡口味的复杂性和平衡性，有效避免了咖啡中气味和口味物质的挥发。

9. 粗纤维

咖啡豆中还存在一定量的粗纤维，包括纤维素（也属于糖类）、木质素等。木质素是一种复杂酚类聚合物，是利用硫酸或苛性碱处理植物体后所剩余的不溶性残渣，亦即所谓的咖啡纤维，其含量约为2.4%。烘焙后，咖啡豆中的粗纤维被碳化，在一定程度上粗纤维会影响咖啡的风味，所以为防止粗纤维受潮或被氧化，应尽量在需要冲泡前再对咖啡豆进行研磨。

10. 挥发性物质

挥发性物质是咖啡香味的主要来源，对于咖啡的品质尤其重要。咖啡中挥发性物质的种类繁多，其存在状况会影响咖啡香气品质。挥发性物质主要是由生豆中非挥发性物质在烘焙过程中被分解或经反应后所衍生而来。而影响咖啡挥发性物质组分的因素包括：咖啡豆的品种、栽培气候、土壤条件、生豆的储存、烘焙温度及时间、烘焙设备等因素。

咖啡生豆本身并没有咖啡的特殊香气，因此不适合直接食用。咖啡生豆必须经过烘焙后才会产生大量挥发性香气物质，这些挥发性香气成分至少有660种，咖啡熟豆是所有食品及饮料中挥发性香气成分种类最多的。咖啡豆于烘焙过程中所产生的香气，如榛果味、奶油味、焦糖味，或特殊的气味，如青草味、熏烟味、烧焦味、香辛味及苦味，多来自于挥发性物质。

第二节　咖啡的主要风味成分

一、 咖啡风味组分的形成机制

近年来，随着气相色谱法－质谱法联用技术的不断发展，很多学者对与烘焙咖啡风味相关的挥发性组分进行了分析研究。由于咖啡豆的组成复杂，其在烘焙过程中风味组分的形成机制也极其复杂。当前已有研究结果表明，咖啡豆在烘焙过程中特征挥发性风味组分的产生机制主要包含以下两部分。

1. 咖啡中组分间的相互反应

咖啡在焙烤过程中发生的美拉德反应是咖啡中风味组分形成的主要原因，该过程主要涉及以下几方面：

（1）咖啡中含氮物质之间的反应，如咖啡中蛋白质、多肽、氨基酸、5－羟色胺和葫芦巴碱之间的相互作用；

（2）咖啡中碳水化合物、羟基酸和酚类化合物的分解，并进一步形成氨基醛糖和氨基酮；

（3）咖啡中的含硫氨基酸，如胱氨酸、半胱氨酸和蛋氨酸，与还原糖参与美拉德反应，生成中间产物，并最终转变成硫醇、噻吩和噻唑；

（4）咖啡中的羟基氨基酸，如丝氨酸和苏氨酸分解，并且进一步与蔗糖反应形成烷基吡嗪类组分；

（5）咖啡中的脯氨酸和羟脯氨酸分解，或与美拉德反应的中间产物反应，前者形成吡啶、吡咯和吡咯烷，后者形成烷基、酰基和糠基吡咯；

（6）咖啡中的其他氨基酸和上述美拉德反应产生的α－二羰基化合物之间进一步发生 Strecker 降解反应形成氨基酮，并且这些氨基酮进一步缩合形成氮杂环化合物或与甲醛反应形成噁唑。

2. 咖啡中原有组分的降解

在生咖啡高温焙烤过程中，咖啡中的部分原有组分也会发生进一步的降解，形成一系列风味组分，例如：

（1）葫芦巴碱发生降解形成烷基吡啶和吡咯；

（2）奎尼酸部分降解形成酚类；

（3）以类胡萝卜素为主的色素类组分发生氧化降解生成醛酮类物质；

（4）小分子脂质降解，主要生成二萜类化合物等。

二、烘焙咖啡中的常见挥发性风味组分

烘焙后的咖啡豆中，常见的特征挥发性风味（香气）组分主要包括：呋喃、烷基吡嗪、酮类、醛类、酯类、吡咯、含硫化合物、吡啶等（见表5－1）。这些化合物在咖啡中以不同含量存在，每类化合物都对咖啡冲泡后的最终感官品质有独特的贡献。

表5－1　咖啡烘焙中常见挥发性风味化合物种类

化合物类型	烘焙咖啡中挥发性风味化合物种类
含硫化合物	硫醇、硫化氢、噻吩（酯、醛、酮）、噻唑（烷基、烷基氧化物和缩醛衍生物）
烷基吡嗪类化合物	吡嗪、硫醇和糠基衍生物、烷基衍生物（主要是甲基和二甲基类衍生物）
吡啶类化合物	甲基、乙基乙酰和乙烯基衍生物
吡咯类化合物	烷基酰基和糠基衍生物
呋喃类化合物	醛、酮、酯类、醇类、酸类、硫醇、硫化物和吡嗪吡咯的结合物
醛、酮和酯类化合物	脂肪族和芳香族化合物

1. 咖啡中的呋喃类组分

呋喃是咖啡焙烤过程中产生的主要挥发性香气成分，该类化合物具有令人愉悦的烘焙香气。已有研究表明，生咖啡豆中呋喃类化合物的含量很低，但烘焙后其在咖啡熟豆中含量可高达7μg/g，是烘焙咖啡中含量最高的特征风味组分。呋喃产生于生咖啡豆的烘焙处理过程中，其形成的量和种类取决于咖啡豆的品种和烘焙条件。咖啡中重要的呋喃类化合物包括呋喃酮、5－乙基－3－羟基－4－甲基－2（5H）－呋喃酮等，其中前者具有焦糖风味，后者具有蜂蜜味。

由于生咖啡豆组成复杂，咖啡中呋喃类化合物的具体形成机制尚不完全清楚，但已有研究者在相关模拟体系研究的基础上提出咖啡中呋喃的形成主要是基于其中糖类组分的热降解（包括单独降解和糖类组分与氨基酸发生美拉德反应）、某些氨基酸的热降解以及抗坏血酸和多不饱和脂肪酸的热氧化等过程。然而，由于食品中各种组分成分复杂，仅对咖啡中模拟体系开展相关研究仍难以推断哪种成分真正参与了咖啡中呋

喃类化合物的形成。另外咖啡烘焙工艺也对咖啡中呋喃含量有较大影响。咖啡烘焙时间越长，烘焙后的颜色越深，其呋喃组分的含量也就越高，因而可以通过改变烘焙工艺条件对咖啡中呋喃含量进行控制。

2. 咖啡中的烷基吡嗪类物质

在咖啡挥发性风味组分中，烷基吡嗪是含量仅次于呋喃类化合物的第二大香气组分，其含量为总挥发性风味组分的25%～30%。咖啡中大多数烷基吡嗪类化合物是在烘焙过程中通过美拉德反应形成的，如丝氨酸和苏氨酸热解可形成烷基吡嗪类化合物。同时，已有研究表明脱咖啡因会导致咖啡中烷基吡嗪含量降低，即烷基吡嗪的形成也与咖啡因含量具有一定相关性。

烷基吡嗪类化合物能呈现出诱人的咖啡或可可特有的香气，因而对咖啡风味具有重要影响。通常而言，吡嗪的二取代衍生物具有坚果气味，而其三取代衍生物具有烘烤味或泥土味。烘焙咖啡中含量较高的烷基吡嗪类化合物包括2－甲基吡嗪、2,6－二甲基吡嗪、2,3－二甲基吡嗪、2,5－二甲基吡嗪、2－乙基吡嗪、2－乙基－6－甲基吡嗪、2,3,5,6－四甲基吡嗪、2－乙基－5－甲基吡嗪和2,3,5－三甲基吡嗪等。其中2,3－二甲基吡嗪具有焦糖和可可的气味；2,5－二甲基吡嗪和2,3,5－三甲基吡嗪具有可可和烤坚果味；2,6－二甲基吡嗪具有果仁、咖啡、青草风味；2,3,5,6－四甲基吡嗪具有巧克力、可可、咖啡风味。此外，吡嗪三取代物中的2－乙基－3,5－二甲基吡嗪具有烤坚果味以及诱人的巧克力香气，是影响咖啡风味的关键化合物，对于咖啡的感官品质有较大影响。

由于咖啡中吡嗪类化合物种类较多且成分复杂，研究起来难度相对较大。目前，已有国外研究者采用稳定同位素稀释分析的方法，对烘焙后咖啡中的吡嗪类化合物的含量进行了进一步研究并取得了较好结果。

3. 咖啡中的含硫化合物

由于含硫化合物闪点较低，并且容易被氧化降解，因而在烘焙后的咖啡豆中含量较少（在总挥发物中质量分数不到0.01%），但该类化合物对于烘焙咖啡的新鲜度起到至关重要的作用。冲泡咖啡中的硫磺风味主要来自于这类具有极低呈味阈值的含硫化合物。

2－糠基硫醇是咖啡中重要的含硫物质，虽然其在咖啡提取物中含量相对较低，但对咖啡的香气品质具有重要影响，如果含量过高会导致样品中出现较强的硫磺味，降低咖啡的品质。已有研究表明，我国云南的咖啡和泰国象山（Doi Chang）咖啡的挥发性风味提取物中均存在2－糠基硫醇，使咖啡具有较强的硫磺味和焦糊味。

除2－糠基硫醇外，咖啡中常见的含硫化合物包括：甲硫醇、二甲基三硫化物、3－巯基－3－甲基丁基甲酸以及二氢－2－甲基－3－噻吩等。一般认为生咖啡豆中的含硫氨基酸是这类香气化合物的来源。例如：甲硫醇被认为由蛋氨酸热解产生；而二甲基硫醚、二甲基三硫化物很可能是产生蛋氨酸后进一步氧化和降解反应产生的；而在咖啡豆中广泛存在的S－甲基蛋氨酸，则有可能是咖啡中特征风味组分二甲基硫醚的风味前体。二氢－2－甲基－3－噻吩在高浓度时表现为让人不愉快的气味，但在低浓度下具有硫磺味和肉香味，其天然存在于一些传统饮料中，如咖啡、威士忌和葡萄酒等，并且在一些食品加工过程（如烤花生的过程）中也会形成。

4. 咖啡中其他挥发性组分

还有一些其他挥发性风味组分也对咖啡风味有较大影响，例如吡啶、酸类、醛类、二氧化碳等。除呋喃、吡嗪外，焙烤后咖啡中吡啶和酸类化合物的含量也会急剧增加。咖啡中最主要的挥发性酸是乙酸，乙酸具有强烈的刺鼻气味，由于挥发性较高，其含量随着烘焙程度的增加而下降，在深度烘焙咖啡中无法检测到乙酸的存在。此外，咖啡中还有甲基丁酸、2－丁烯酸等挥发性酸，都会产生刺激性气味，对咖啡品质产生不利影响。通常而言，烘焙程度会大大影响咖啡豆中的挥发性化合物的组成和含量。

醛类化合物主要存在于生咖啡豆中，由于这类化合物具有较高挥发性，因而在咖啡烘焙过程中含量降低。烘焙咖啡中常见的醛类物质有己醛、苯甲醛、糠醛等，己醛具有脂肪味、青草味、强烈尖锐的水果风味；苯甲醛具有类似苦杏仁的芳香味道和独特的气味，而糠醛具有环醛典型的尖锐的渗透性气味，这类化合物会赋予咖啡果香味和刺激性气味。

此外，二氧化碳是在烘焙咖啡过程中产生的量最大且无香气的挥发性化合物，二氧化碳是由含碳物质热分解和Strecker降解反应而产生的。它的量依赖于烘焙的程度。该气体在整个咖啡豆中缓慢释放，但一旦研磨后便迅速释放，此外由于二氧化碳的电常数为0，因而极易溶于咖啡。咖啡研磨后，焙烧过程中产生的二氧化碳大多被释放，因此使用密封容器包装研磨的咖啡之前必须经过一个合适的脱气时间（2～8 h）。当咖啡被包装在非真空的包装袋内时，有效的脱气对于烘焙后的咖啡粉是至关重要的，因为如果脱气时间太短，包装袋会发生膨胀，失去良好的外观，甚至爆裂。为了解决这个问题，商家通常在咖啡粉包装袋上装一个允许二氧化碳释放的气体阀门。虽然二氧化碳对咖啡风味没有直接影响，但其会影响咖啡包装保存，因而也会对咖啡风味产生间接作用。

三、 烘焙咖啡中的主要呈味组分

相较于挥发性风味组分，关于咖啡中呈味组分的研究相对较少，主要集中在咖啡中的酚类物质。

1．咖啡中的酚类物质

咖啡中的酚类物质主要指绿原酸及其衍生物与降解产物等相关组分。咖啡生豆中含有较高水平的酚类化合物，约占其干物质质量的14%，咖啡豆的加工过程，尤其是烘焙工艺会极大地改变咖啡中的酚类组分，进而影响咖啡饮料的味道和颜色，并且对咖啡风味也有重要影响。

绿原酸结构复杂，具有很多同分异构体，主要包括咖啡酰奎尼酸、二咖啡酰奎尼酸、阿魏酰奎尼酸、肉桂酰奎尼酸、咖啡酸以及阿魏酸与奎尼酸的混合二酯等，并且以上每种绿原酸至少含有3种同分异构体，因而相关研究较难开展。通常3－咖啡酰奎尼酸所占比例最大，因此科研中常以该物质作为标准品进行咖啡中绿原酸的定量研究。

绿原酸是影响咖啡风味的重要因素，它们影响咖啡最终的酸度并赋予其收敛性和苦味。绿原酸经Strecker反应产生奎尼酸、阿魏酸与咖啡酸等，这些酸都会产生苦涩味，影响咖啡滋味。通常而言，由奎尼酸和咖啡酸产生的特定化合物的形成途径见图5－2和图5－3。这些衍生物会进一步生成类黑精类组分，导致烘焙过程中咖啡的颜色与苦味增加，其生成条件受焙烤条件影响，因而焙烤咖啡中的酚酸浓度对咖啡味道起着重要的作用。

Silva等的研究结果表明总绿原酸含量与咖啡的品质呈负相关，即绿原酸含量较高的咖啡样品的品质较差，但由于咖啡中的酚酸具有较强的氧化性，因而一定含量的酚酸的存在对于焙烤咖啡的营养特性具有重要意义。此外，虽然已有大量关于咖啡中总绿原酸含量的研究，但由于这类化合物的化学结构非常相似并且相关标准品难以获得，需要高灵敏度的色谱分离方法结合质谱分析来进行更加精密准确的鉴定和分析，分析难度较大，因而对咖啡中特定的绿原酸异构体的组成和相关内酯的生成机制的研究仍相对较少，目前相关的研究以咖啡中绿原酸的抗氧化性及其在糖代谢、脂代谢中的作用为主。

2．咖啡中其他呈味物质

除了酚类物质外，烘焙咖啡中的呈味物质还有以下几类化合物。

1）非挥发性酸类化合物

羧酸也会产生酸味。柠檬酸、乙酸（为挥发性羧酸）和琥珀酸在浅度和中度焙烤

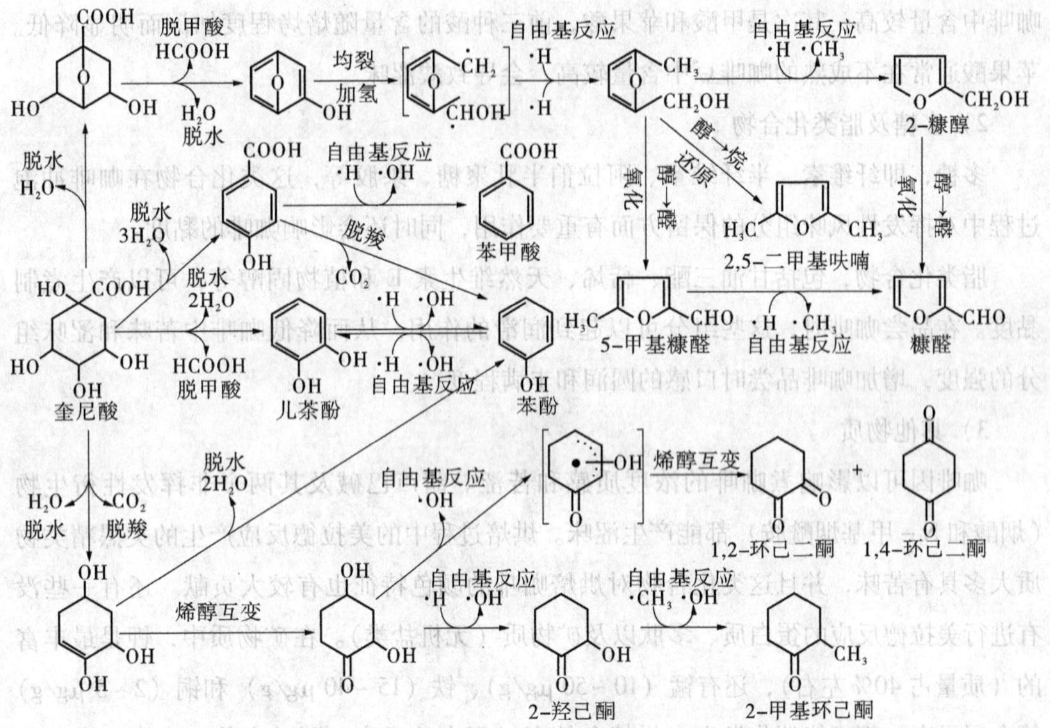

图 5-2　由奎尼酸产生的特定化合物的形成途径

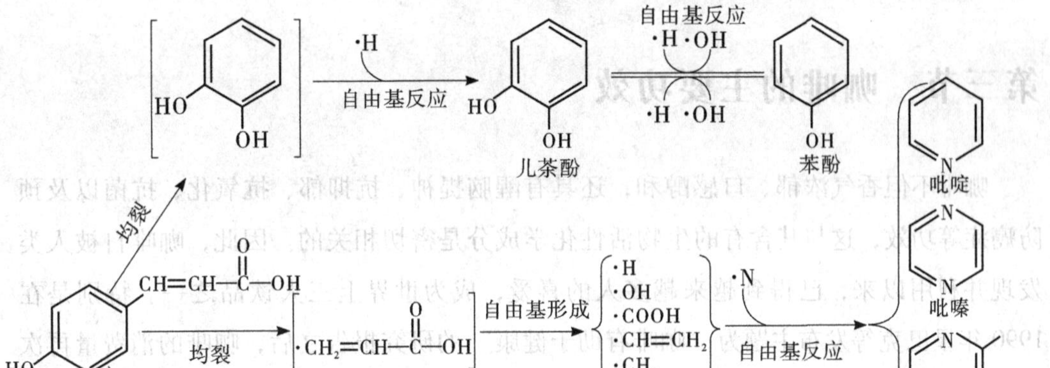

图 5-3　由咖啡酸产生的特定化合物的形成途径

咖啡中含量较高，其次是甲酸和苹果酸，前三种酸的含量随焙烤程度加深而明显降低。苹果酸通常在不成熟的咖啡豆中含量较高，会导致酸涩味。

2）多糖及脂类化合物

多糖，即纤维素、半纤维素、阿拉伯半乳聚糖、果胶等，这类化合物在咖啡冲泡过程中对挥发性风味组分的保留方面有重要作用，同时还会影响咖啡的黏度。

脂类化合物，包括甘油三酯、萜烯、天然维生素 E 和植物固醇等，可以产生煮制黏度。在品尝咖啡时，这些组分可以起到润滑的作用，从而降低咖啡中苦味和涩味组分的强度，增加咖啡品尝时口感的圆润和丰满程度。

3）其他物质

咖啡因可以影响煮咖啡的浓度质感和苦涩。葫芦巴碱及其两个非挥发性衍生物（烟酸和 N – 甲基烟酰胺）都能产生涩味。烘焙过程中的美拉德反应产生的类黑精类物质大多具有苦味，并且这类化合物对烘焙咖啡的颜色特征也有较大贡献。还有一些没有进行美拉德反应的蛋白质、多肽以及矿物质（无机盐类）。在矿物质中，钾是最丰富的（质量占 40% 左右），还有锰（10 ~ 50 μg/g）、铁（15 ~ 40 μg/g）和铜（2 ~ 5 μg/g）等金属元素，都可能催化发生在烘焙和储存过程中的反应。不过当前咖啡中这类组分的研究相对较少，其对咖啡滋味感官品质的影响尚不明确。

第三节　咖啡的主要功效

咖啡不但香气浓郁、口感醇和，还具有醒脑提神、抗抑郁、抗氧化、抗菌以及预防癌症等功效，这与其含有的生物活性化学成分是密切相关的。因此，咖啡自被人类发现并利用以来，已得到越来越多人的喜爱，成为世界上三大饮品之一。特别是在 1990 年星巴克等发布主题为“咖啡有助于健康”的研究报告之后，咖啡的消费量再次攀升。

国内外多项研究证实，咖啡对健康有诸多好处。纯咖啡的热量很低，还含有多种营养物质。现就咖啡中主要营养成分的功效加以介绍。

1. 咖啡因的主要功效

咖啡因可直接作用于人体的大脑皮层，对人类的生理系统有诸多有利的影响，对健康且未怀孕的成人是安全的。作为咖啡中最重要的成分，咖啡因的功效主要表现在以下几个方面。

1）兴奋神经，促进机能

咖啡因可兴奋呼吸中枢以及血管运动中枢，是一种“机能增进剂”。咖啡因对神经系统的兴奋作用被认为是通过拮抗中枢腺苷受体实现的，能够促使人进入短时间的兴奋状态，促进感觉记忆，让思维变得敏捷。此外，咖啡因能够使肌肉自由收缩，增加肌腱的力量，增加身体灵活度，提高运动能力。研究发现，咖啡因能够提高运动成绩，包括主观的体力和耐力。

2）保护心脑血管

咖啡因可抑制环磷酸腺苷转化为环磷酸鸟苷，从而扩张血管，增加管壁弹性，促进血液循环。有研究证明，脑血流量与咖啡因的摄入量呈正比关系，且长期慢性的每日饮用咖啡与罹患中风的危险性呈显著的反比关系。

3）利尿，减肥

咖啡因具有利窍除湿的功效，可促进肾脏机能，排出体内多余的钠离子，提高排尿量，改善腹胀水肿，有助于减重瘦身。咖啡因不仅能够通过促进肾中尿液水的滤出率和刺激膀胱这两条途径来实现利尿作用；还可以提高肝脏对物质的代谢能力，增强血液循环，比如通过对肾脏的刺激作用使酒精由尿液迅速排出人体，从而达到解除酒精中毒的目的。此外，咖啡因能够通过增加交感神经的活性提高人体消耗热量的速率并刺激脂肪分解。

4）其他功效

咖啡因不仅常与解热镇痛药品配伍，以增强其镇痛的功效，还能够刺激交感神经，促使胃肠分泌胃酸和蠕动，从而增进食欲，有助消化。由于咖啡因能够促进交感神经且抑制副交感神经，因此还能避免副交感神经兴奋而发作气喘病。饮用咖啡还可以保护肝脏功能，降低大肠癌患病风险。

但是，咖啡因也有一定的负面作用，长期慢性或一次性大剂量（>400 mg）摄取咖啡因可能会导致一系列身体与心理的不良反应，比如兴奋过度、神经过敏、焦躁、失眠、心悸、震颤、脑代谢紊乱等，尤其可能导致儿童和青少年产生睡眠障碍和依赖成瘾性。此外，高剂量的摄入可增加妇女在怀孕期间流产及相关独立妊娠症状的风险。

2．绿原酸类物质的主要功效

咖啡中含有多种绿原酸及其同分异构体，绿原酸是由咖啡酸和奎宁酸缩合而成的一个酯类化合物，由于酯化的位点不同，还可形成 *S*－咖啡酰奎宁酸（新绿原酸）、4－咖啡酰奎宁酸（隐绿原酸）、3,5－二咖啡酰奎宁酸（异绿原酸 A）、3,4－二咖啡酰奎宁酸（异绿原酸 B）、4,5－二咖啡酰奎宁酸（异绿原酸 C）。绿原酸广泛分布于中药材和食物中，如杜仲、金银花、咖啡豆、越橘、苹果、马铃薯等，是人们日常摄入的主要多酚类型之一。由于绿原酸具有抗氧化、抗菌、抗病毒、保肝利胆、抗肿瘤、降血压、降血脂、清除自由基和兴奋中枢神经系统等多种生物活性，很早就引起了科学界的关注。

3. 生物胺类物质的主要功效

生物胺是一类具有生物活性的含氮低分子量有机化合物的总称。生物胺根据其结构可分为3类：脂肪胺，芳香胺和杂环胺。咖啡生豆中含有血清素、腐胺、精胺和亚精胺等，烘焙过程中总胺含量会有一定的下降。一定量的单胺类化合物对血管和肌肉有明显的舒张和收缩作用，对精神活动和大脑皮层有重要的调节作用。多胺主要包括精胺和亚精胺，其在生物体的生长过程中能促进DNA、RNA和蛋白质的合成，加速生物体的生长发育。微量生物胺是生物体（包括人体）内的正常活性成分，在生物细胞中具有重要的生理功能。

4. 氨基酸类物质的主要功效

氨基酸在人体内通过代谢可以发挥下列作用：①合成组织蛋白质；②变成酸、激素、抗体、肌酸等含氨物质；③转变为碳水化合物和脂肪；④氧化成二氧化碳、水及尿素，产生能量。并且有些氨基酸参与构成酶、激素、部分维生素，酶、激素、维生素在调节生理机能、催化代谢过程中起着十分重要的作用。

第六章

咖啡的研磨与萃取

从采摘到烘焙的过程中，咖啡都还只是豆子的形态，显然用咖啡豆是没法直接做成咖啡的，而咖啡豆的研磨就是帮助咖啡从果子到杯中物的一个尤为重要的环节。研磨与萃取是咖啡制作的本质，同样也是考验咖啡师制作水平的精髓。大自然将无数美味可口的可溶物“囚禁”在咖啡豆的组织里，为了更好地享受咖啡，就需要通过研磨和萃取将咖啡中的美味物质抽取出来，形成一杯香浓可口的咖啡。本章就咖啡研磨与萃取的相关原理、器具以及方法加以介绍。

第一节　咖啡的研磨

一、咖啡研磨的必要性

咖啡的研磨（grinding of coffee）是指将烘焙后的咖啡豆通过相应设备粉碎成一定大小颗粒的过程。之所以要对咖啡进行研磨，主要是咖啡中的总溶解固体（total dissolved solids，TDS）充斥在咖啡豆的一个个细胞之中，而这些困在每个细胞中的总溶解固体就是我们要释放到咖啡中的可溶物。

图 6－1a 所示为一颗咖啡豆的横截面，截面上的一个个小孔，就是内部细胞在烘焙过程中失水后的形态。由于水只能从它所接触的细胞中提取可溶物，故只有尽可能增加水与咖啡的接触面积，才更有利于后续的萃取。如果直接将咖啡豆放入水中，水就只能进入咖啡豆最外层的细胞，如图 6－1b 中蓝色线条所示。而我们的目标是释放整个豆中的可溶物，因此需要找到一种方式让水进入内部细胞。

咖啡豆的结构非常密集和复杂，如果将完整的咖啡豆丢入热水，萃取出的物质很少，水无法穿过完整的咖啡豆并溶解其内部成分，所以我们必须“打开”它，好让水能带出咖啡内部的味道。通过使用磨豆机将咖啡豆磨成粉状，可以增加表面积，使水轻松发挥萃取效用。

据研究，磨碎的咖啡豆，表面积会增加 1000 倍左右，因此可以通过将咖啡豆分成较小的颗粒来增加水可以进入的细胞数量。随着颗粒越来越小，水可以接触的细胞总数持续增长（图6－1c），能更加方便地提取咖啡豆中的有效成分，这样我们只用几分钟就能做出一杯香浓醇厚的咖啡了。

二、 研磨度

研磨得粗细适当的咖啡粉对于做一杯好咖啡十分重要。根据研磨后咖啡粉颗粒的大小，通常可以分为粗研磨、中研磨与细研磨三种，如图6－2所示。

图6－2 不同研磨度的咖啡粉

（1）细研磨（fine grind）：颗粒细，大小接近砂糖。

（2）中研磨（medium grind）：颗粒大小接近砂糖与粗白糖的混合物。

（3）粗研磨（coarse grind）：颗粒粗，大小接近粗白糖。

细粉适用于挂耳咖啡。很多人会觉得挂耳咖啡是有一部分浸泡在水里的，应该用粗一点的颗粒。其实，因为挂耳咖啡的整个内包装都是滤纸，出水量很大，不像手冲咖啡有一个收口的位置，比如现在常用的三孔滤杯，能帮助减缓水流出的速度，所以挂耳咖啡更需要细粉来增大萃取面积。

此外，还有中细研磨或比细研磨更细的极细研磨（成粉状咖啡粉）等，可以根据咖啡器具的不同而使用合适的研磨方法。

以下是咖啡粉的研磨度与其适用的萃取法（咖啡器具）：

（1）细研磨：Ibrik土耳其铜壶（微粉末）、摩卡壶（意大利人称之为“Macchinatta”）、浓缩咖啡机（极细度研磨）。

（2）中研磨：滤纸滴漏法、法兰绒滴漏法、虹吸壶。

（3）粗研磨：水滴式咖啡机（极粗度研磨）、滴滤壶（极粗度研磨）。

由于咖啡豆的研磨没有定量的标准，因此研磨得是否恰当，只能通过制作出来的咖啡来判断。无论何种咖啡，都应该是美味可口的。咖啡不够好喝，就说明制作过程中存在问题。只要熟悉好咖啡的口味，就很容易判断出一杯咖啡的制作是否得当。

三、研磨的4个基本原则

1. 选择适合冲煮方法的研磨度

咖啡粉的研磨度对于做一杯好咖啡十分重要，而粉末的粗细也要视蒸煮的方式而定。咖啡豆磨得太细，水与咖啡粉的表面接触过多，会萃取出太多不必要的杂质；但若是磨得太粗，热水无缘接触深藏在内部的成分，所冲泡出的咖啡就没有足够的芳香。冲煮意式浓缩咖啡时，一定要用力填压咖啡粉，使之对高压的热水产生阻力，才能真正萃取出咖啡的精华。所以，意式浓缩咖啡对研磨度更为敏感。越均匀的研磨，会使得填压后的咖啡粉越紧密，而且较少的空隙能对水产生均衡的阻力，如此才能成功地萃取出一杯意式浓缩咖啡。

一般而言，煮的时间越短，研磨的粉末就应越细；煮的时间越长，研磨的粉末就应越粗。以实际蒸煮的方式来说，用虹吸方式蒸煮咖啡，大约需要1 ~3 min，咖啡粉属中等至粗的研磨度；美式咖啡壶及手冲滤泡的咖啡粉粗细度一般为砂糖粗细度即可。

2. 研磨时所产生的温度要低

不管使用什么样的磨豆机，在运作时都一定会摩擦生热。有香味的物质大多具有高度挥发性，研磨产生的热量会增加挥发的速度，使咖啡的香醇散失于空气中。用磨豆机研磨时，一次不要磨太多，够一次使用的粉量就好了。因为磨豆机单次使用时间越长，越容易发热，会间接使咖啡豆在研磨的过程中被加热而导致芳香物提前释放出来，会影响蒸煮后咖啡的香味。

在磨豆机发明之前，人类使用石制的杵和钵研磨咖啡豆。曾经有人用这种古老的工具与现代化的磨豆机做对比实验，用捣杵和石钵所磨出的咖啡粉最能泡出香醇风味。

3. 研磨后的粉粒要均匀

粉粒不均匀，咖啡冲泡出的浓度也会不均匀。咖啡豆经过研磨之后，成为粉状，粉粒粗细的分布情形与咖啡饮品的品质有很大的关系。粉粒的粗细越均匀，越能有好风味。若粗粒太多，煮不出深藏在咖啡内部的好滋味；若细粒太多，会煮出味道太杂与太苦的咖啡。

4. 冲煮之前才研磨

咖啡磨成粉后不能长期存放，因为咖啡最大的敌人是氧气，最大的弱点在于香气容易挥发。咖啡豆在研磨之后，细胞壁会完全崩解，这时与空气接触的面积会大大增加，氧化与变质的速度变快，咖啡在 30 s 到 2 min 之内就会开始流失风味。因此，建议不要买咖啡粉，最好买咖啡豆，并且在要喝之前才研磨，磨好则应赶快冲泡。

四、 正确选择磨豆机

咖啡豆的研磨工具是磨豆机。对于专业咖啡师来说，一台好的磨豆机，是保证一杯咖啡质量的重要一步，比较理想的磨豆机应能调整磨豆粗细的程度。

按照研磨方式的不同，可以将磨豆机分为碾磨式和切割式两种，这两种研磨方式各有优缺点。碾磨式磨豆机较少产生细粉，但是容易造成咖啡粉颗粒不均匀；研磨过程中容易产生热量，使咖啡粉风味挥发。而切割式研磨机容易产生细粉，研磨的过程中不会产生过高的热量，不会过量挥发咖啡风味，研磨出的咖啡粉颗粒较均匀。

根据动力形式不同，磨豆机又可分为手动磨豆机和电动磨豆机两大类。

1. 手动磨豆机

简称手磨，顾名思义，是采用手动的形式研磨咖啡豆。这种研磨机体积很小、携带方便，当外出旅游时或只需研磨很少的咖啡豆时，采用手磨是不错的选择。手动磨豆机磨出来的颗粒比较大、速度慢，比较适合有充足时间、讲究生活情趣的人使用，也常用于咖啡店的装饰。手动研磨机主要是锥形刀片式的。

2. 电动磨豆机

简称电磨，采用电力带动磨豆机研磨咖啡豆。电磨的速度比手磨快很多，当需要研磨比较大量的咖啡豆时，最好采用电磨。但是也应该注意，一次性磨较大量的咖啡豆时，磨豆机的温度也会慢慢变高。如果不赶时间，最好不要不间断地磨完大批量的咖啡豆，而应给磨豆机休息的时间，让它冷却下来后再继续工作。

电动磨豆机主要有平面刀片式、锥形刀片式等。锥形刀片式相比平面刀片式可以降低研磨时候产生的热量，咖啡颗粒比较均匀，萃取的时候咖啡风味比较不容易被破坏。在价格上，电动磨豆机比手动磨豆机要贵，所以如果预算有限，可以选择手动锥形刀片式研磨机；如果预算比较宽裕，可以选择电动的锥形刀片式研磨机。此外，电动磨豆机还有螺旋桨式和磨盘式。

1） 螺旋桨式刀片磨豆机

这种电动研磨机也十分常见，价格不贵，原理是在电动机上连接一组金属刀片，借由电动机旋转的力量击碎咖啡豆。这种研磨机的最大问题就是击碎咖啡豆的过程中会同时产生极细的粉末与极粗的颗粒，用这样的咖啡粉冲泡时，最粗的颗粒会产生令人不悦的酸臭味，极细的粉末则会快速增加咖啡的苦味。如此不均匀的萃取咖啡，会令一些人觉得难以下咽。

2）磨盘式磨豆机

这种形式的磨豆机越来越常见，同时有电动及手动的版本。磨盘式磨豆机有两个面对面的切割盘，通过调整切割盘的间距可以达到调整研磨粗细度的目的。在被切割成符合此间距的大小要求后，咖啡粉才能通过研磨室。这种磨豆机研磨的咖啡粉颗粒均匀度较佳，同时因为粗细可以调整，对煮一杯好咖啡相当有帮助。

磨盘式磨豆机比螺旋桨式刀片研磨机贵一些，不过手动版则相对便宜，也容易操作，值得购买，特别是需要做意式浓缩咖啡时非常适用。因为冲煮意式浓缩咖啡时，颗粒大小十分重要，即使是数百分之一毫米的粗细差异，也都会造成影响。现在还有特别为意式浓缩咖啡设计的专用磨豆机，它的强力电动机足以磨出冲煮意式浓缩咖啡所需的极细颗粒。有些磨豆机可以同时研磨滤泡式咖啡粉和意式浓缩咖啡粉，不过大部分机器只能应付其中一种。

第二节　咖啡的萃取

从20世纪50年代开始，咖啡加工技术快速进步，关于咖啡发展进程的文献记录相应完善，世界各国争先开发适应市场需求的咖啡产品和咖啡技术，制定相关咖啡技术文件和标准，规范和丰富咖啡行业活动。1952年，美国国家咖啡协会（National Coffee Association）聘请麻省理工学院化学博士厄内斯特·厄尔·洛克哈特（Ernest Eral Lockhart）设立咖啡泡煮学会（Coffee Brewing Institute，1952—1964，简称CBI），负责滤泡式咖啡的科学研究及技术推广工作。

洛克哈特博士领导的团队详细分析了咖啡豆的结构和成分，发现咖啡熟豆中能被萃取出来的水溶性物质只占熟豆重量的28%～30%，其余的为难溶于水的纤维等物质。然而最理想的萃取并不是把这30%全都萃取出来，如果把咖啡中所有的物质都萃取出来的话，最后呈现的咖啡将是一杯苦到极致的液体。洛克哈特博士的团队做了一系列的“咖啡民意调查”，在不断地调整和研究后发现，仅萃取出咖啡中18%～22%的水溶性物质就能够达到咖啡风味的最佳平衡点，这是最受欢迎的咖啡萃取程度，也就是我们常说的“金杯萃取”。

由于并非所有的咖啡风味都是令人愉悦的，所以我们要控制萃取风味的数量，这样才能冲煮出一杯美味的咖啡。这就需要了解萃取咖啡的原理，控制好萃取过程中的各个变量。

一、 萃取及其原理

在化学中，萃取（extraction）又称溶剂萃取或液液萃取，亦称抽提，是利用系统中组分在溶剂中有不同的溶解度来分离混合物的单元操作，即利用物质在两种互不相溶（或微溶）的溶剂中溶解度或分配系数的不同，使溶质物质从一种溶剂内转移到另外一种溶剂中的方法。

而在咖啡学中，萃取是指从原料（咖啡豆）里提取有价值的物质（风味物质），也就是指用水将咖啡中的物质带出来。最通俗的说法，就是用水溶解出许多咖啡的味道，这些溶解出来的味道几乎就是我们从咖啡杯中喝到的风味。只有研磨得非常细的咖啡粉才会影响口感，但在萃取时不考虑细粉，因为细粉在萃取时只是漂浮在水中。

烘焙后的咖啡豆中，可被水溶解的物质约占总重量的30%，这意味着我们可以萃取咖啡豆中约30%的物质到水中，而其余的物质几乎都是咖啡豆的纤维及种子的组织（图6－3）。

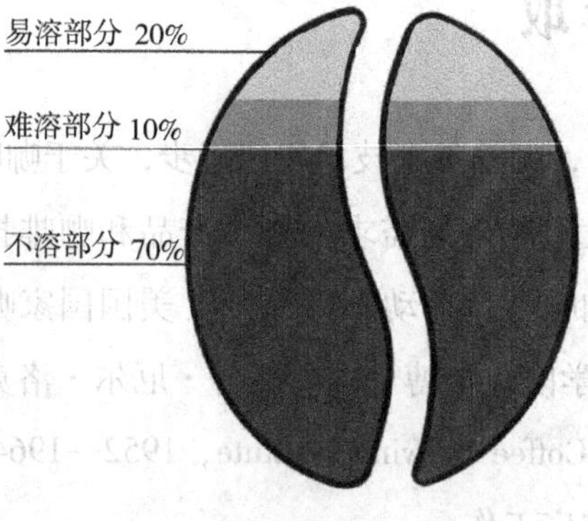

图6－3　咖啡萃取示意图

咖啡粉的粗细度对萃取十分关键，粉粒过粗，水与粉的接触面积少，萃取出的成分较少；粉粒过细，水与粉的接触面大，易将不好的风味成分提取出来。

其实萃取的过程就像是一个跷跷板，而我们需要在这上面找到一个平衡点，避免过萃或萃取不足的情形。

二、 萃取对咖啡风味的影响

用水萃取出的物质对咖啡的风味和香气有直接的影响，咖啡中所含的水溶性化合物包括：咖啡因（苦味）、酸（其中一些产生酸味或甜味）、脂质（黏度）、糖/碳水化合物（甜味，苦味，黏度）等。

咖啡中的物质并非都是以相同的速率被提取出来的，首先萃取出的是果味和酸味，然后是甜味，最后是苦味。萃取不足的咖啡酸味较明显，过度萃取则味道偏苦，一般可通过调整各个变量来制作不同口味的咖啡。

1. 什么是最佳“萃取率”？

TDS（total dissolved solids）：总溶解固体，又称溶解性固体总量。TDS 值越高，表示水中含有的溶解物越多，也就是浓度越高。这个 TDS 值是用来表示咖啡液的浓淡程度的，也就是从咖啡中提取到水中的物质的“数量”。

萃取率是咖啡豆/粉在萃取过程中溶于水中的物质重量占使用咖啡豆/粉的比例，用于衡量咖啡中有多少水溶性物质被溶解出来。美国精品咖啡协会 SCAA 建议的最佳萃取率为 18% ~22%。但在实践中，由于每款咖啡豆有各自不同的特点，故不应简单地追求特定的“完美”数字，而应当以实际口感为准。

2. 如何控制“萃取”？

要从咖啡中获得最佳口感，一般需要准确地提取出咖啡中有益的“物质”，但由于存在个体差异，故了解咖啡口感的不同是由什么原因造成的就更有理论指导价值。

如果喝起来太酸，咖啡可能萃取不足，可以尝试延长萃取时间或更细的研磨度；如果喝起来太苦，咖啡可能过度萃取，可尝试更粗的研磨度或缩短萃取时间。此外，还要避免萃取不均，萃取不均意味着一部分的咖啡粉的萃取速度比另一部分更快，导致萃取不足和过度萃取同时存在。这种情况一般可以通过调整各个变量来弥补不太理想的因素。例如如果咖啡豆存放的时间较长，可尝试更细的研磨度，以便更快地萃取，以及从不同化合物中获得更好的味道。

深烘豆中的水溶性组分较易溶，因为它们在高温下烘焙的时间较长，细胞壁破裂得更彻底，所以比浅烘豆萃取得更快。如果萃取过程中用的是深度烘焙的豆子，那就得考虑使用更粗的研磨度。

三、 影响萃取的变量

萃取会受到许多因素的影响，尽管咖啡豆本身的一些特征是在萃取中无法控制的，但我们可以调整研磨度、水温、萃取方式和其他变量。下面简单介绍萃取过程中会影响咖啡最终风味的变量。

1. 研磨度

使用细研磨度的咖啡粉进行萃取的速度比粗研磨度的咖啡粉更快，因为咖啡暴露在水中的表面积变得更大了。细研磨度有可能带来更重的苦味，因为许多化合物可以被快速提取出来；粗研磨度意味着更高的酸度，如果研磨度太粗，可能只能得到一杯口味单薄的咖啡，因为很多物质没有被提取出来。细研磨度会让咖啡粉更紧实，这意味着水在咖啡粉之间流动的空间更小，对于手冲和过滤咖啡，这会增加萃取时间。因此，只需使用较细的咖啡粉，就可以延长萃取时间。选择合适的磨豆机很重要，质量较差的磨豆机可能会产生很多过细的“细粉”。因为“细粉”的颗粒很小，会萃取得更快，“细粉”过多意味着不好的味道会被萃取出来；此外，如果“细粉”混入水中，其中的不可溶性物质就难以被过滤出来，会有带渣的口感。

2. 萃取时间

萃取时间越长，从咖啡中提取的物质则越多。一般来说，萃取时间短，咖啡会更酸，萃取时间长，咖啡会更苦。

浓缩咖啡通常只需很短的萃取时间，萃取时利用压力迫使水快速通过咖啡粉层，因此细的研磨度更合适浓缩咖啡，可让水更容易流动，并让咖啡粉具有更大的表面积，便于快速提取。法式滤压壶冲煮的咖啡就需要较长的萃取时间，因此通常的做法是使用较粗研磨度，以此来减缓萃取速度并避免苦味。但这两个例子都只是通常做法，无论采用哪种方式，都可以通过调整研磨度和萃取时间来达到最佳的组合，也有一些家庭用法压壶时选择中研磨度，以此来获得更多的风味。

3. 水温和水质

除冷萃咖啡外，制作咖啡的水温通常为195～205 ℉（91～96℃），这也是大多数风味化合物容易溶解在水中的温度范围。水的温度较高，萃取时间宜短；水温较低，则宜增加萃取时间。这就是冷萃咖啡需要更长的萃取时间，并且具有比相同豆类的热萃咖啡更加醇厚的风味的原因。

在水质方面，精品咖啡协会有推荐用水的标准，包括对水的气味、含氧量、钙硬度、碱度和 pH 的要求，具体可查看网址：https：//sca.coffee/research/coffee-standards/。

通常来说，在水质方面主要应注意三点：水的 TDS 值、pH 值和水里含的矿物质成分。水的 TDS 值表明 1 升水中溶有多少毫克溶解性总固体，单位以 ppm（即 mg/L）表示，通常 TDS 越低，就越容易把咖啡里面的物质萃取出来；TDS 越高，越不容易把咖啡里的物质萃取出来。

水应是中性的，pH 值为 7 表示中性，pH 值越大表示碱性越强，pH 值越小则表示酸性越强。碱性越强，中和酸的能力就会越强。

此外，水中不应有可能影响风味的污染物。硬水中含有矿物质，镁有助于提取果味和尖锐的味道，而钙可以增强奶油味，但如果水中含有过多的矿物质，它们会减少提取量并影响风味。

一般商用意式咖啡机都接有过滤器，如果对自来水没有信心，可以尝试使用过滤水或瓶装水，看看你是否能尝到差异。不要抱着“哪种水最适合咖啡”的想法，而是以“哪种水冲煮出来的咖啡最符合喜好”来做选择。

4. 粉层

制作手冲咖啡需要往咖啡粉层里注入水，粉层的重点在于一致性。如果咖啡粉堆积不均匀或者被不均匀地浸泡，水流将击穿粉层产生通道，然后沿着阻力最小的路线流动。过快注水或不规则移动会使一些咖啡粉发生移位，造成部分咖啡粉没有被充分浸泡。此外，还要注意咖啡粉层的厚度，太薄的粉层可能会让水通过的速度过快，而太厚的粉层可能会使水和咖啡保持接触的时间过长，导致过度萃取。

四、调整萃取的程度

萃取是许多变量的一个平衡，调整一个变量时，还要考虑它对其他变量的影响。了解萃取的工作原理可以帮助我们更好地控制和调整各个变量，从而找到最合适的口味。每次调整时，尽量记下研磨度、萃取时间、水温以及可能影响到萃取的任何其他因素。这样就可以在下一次轻松复制出这些变量，或者将其作为下一次实验的基础。

在咖啡萃取过程中经常出现“萃取不足”“过度萃取”，那么什么是“萃取不足”“过度萃取”和“理想萃取”呢？

1. 萃取不足的咖啡

萃取不足是指水带出的咖啡粉中物质不够多，咖啡粉中还有许多残留的、可以增加这杯咖啡风味的物质。一杯萃取时间太短的浓缩咖啡，会出现刺酸味、缺乏甜味，还有奇怪的咸味以及让人失望的短余韵。这四个特征是萃取不足的明显迹象。

1）刺酸味

咖啡的刺酸味很棘手，尤其是在期望得到咖啡的酸质时。刺酸味与酸质不同，为负面的味道，会让舌头很快地感受到强烈的酸味，可能会让人皱起嘴唇，或是在舌头两侧有触电、尖锐的感受。刺酸味会令人不舒服而且破坏品尝时的味觉，不是人们想要的味道。而酸质则是风味的一种，例如“咖啡的酸质令人愉悦”或是“这咖啡的酸质强度很高”都是正面的评价。酸质与酸味、果汁感、明亮等概念都可做联结。

2）缺乏甜味

甜味是咖啡重要的味道之一，但咖啡粉中的甜味物质（糖类）溶解速度比酸类物质慢，因此萃取不足是不会有甜味的。由于缺乏甜味，萃取不足还会让人在喝完咖啡后有不满足和空虚感。值得一提的是，欠缺甜味反过来又会凸显出咖啡豆的刺酸味，让人更明显地感受到萃取的不足。

3）咸味

萃取不足的咖啡是咸的。酸味及咸味物质比甜味物质更容易溶解出来，这也是为什么萃取不足的咖啡会有酸味及咸味。

4）余韵短

良好萃取的咖啡的余韵可延续好几分钟（甚至幸运的可到几小时），这个余韵就像在舌头上放了块红糖，回味无穷，而萃取不足的咖啡则没有这种余韵。当吞下咖啡后，风味也随之消散。

2. 过度萃取的咖啡

咖啡萃取过程中，营养物质的萃出顺序为：首先是油脂和酸酯类，然后是糖分，最后是木质成分。由于咖啡中单糖分子的结构要比酸分子复杂很多，过度萃取可以将咖啡中的糖及其他有效养分充分提取，从而使所萃取的咖啡味道更加香浓，故受到许多饮用咖啡时间较长人士的喜爱。

过度萃取就是指咖啡中太多的可溶性物质被溶解在水中。一杯萃取时间达 40 ~ 50s 的精品意式浓缩咖啡一般就具有过度萃取的咖啡的特征。这样的咖啡会很苦、有干燥感且空洞，这也是过度萃取咖啡最明显的三个特征。

1）苦味

过度萃取的咖啡味偏苦，这种苦味主要来自咖啡因，但苦味也跟许多其他化学作用有关系。深焙的咖啡会达到焦炭化状态，从而形成更多带有苦味的化学物质。

2）干涩感

喝到有干涩感的咖啡会令有些人感到非常不舒服，这种感觉也称为涩味。会有强烈且持久的干涩感的原因是酚类物质在最后阶段被溶解出，这种涩味会掩盖咖啡中优质的味道。但短暂的干涩感也是可以接受的，就是我们通常说的茶感。

3）空洞感

有人喜欢用空洞来形容过度萃取的咖啡，这样的咖啡感觉空虚而没有生命，就像是萃取时把咖啡中的光亮抽离，过程中扼杀了美好的物质。良好萃取的咖啡会带有浓郁感，是美味、滑顺且让人垂涎三尺的，而过度萃取的咖啡就是空洞、粗糙、让人厌恶的。空洞感主要来自于咖啡的过度萃取或低品质的咖啡豆。

3. 理想萃取的咖啡

理想的萃取率取决于咖啡师的萃取过程，根据不同地域人们饮食习惯的不同，咖啡理想萃取率所带来的味道也有所差异。有一部分专业人士更喜欢20% ~22%的萃取率，而有些人则偏好萃取率在17.2%时所呈现的咖啡的味道。但无论是多少的萃取率，最理想的萃取总是与萃取的均匀程度和一致性有关，所以，所有的咖啡都要以更均匀一致的速度进行萃取，才能够达到更好的萃取点。咖啡粉的颗粒越均匀，就会越容易冲煮出好咖啡。理想萃取的咖啡应当具有澄澈的风味，酸质平衡丰富，并且带来正面感受，余韵绵长。

1）甜美与成熟

李子或类似的核果类水果未成熟时会拥有丰富及强烈的酸质，随着果实的成熟，水果中的糖分逐渐增加且变得更浓郁、厚重，甚至腻口；直到达到一个点，这时水果就呈现出自己特有的甜香。咖啡也一样，一杯萃取恰当的咖啡，会呈现出其特有的甜美与成熟。

2）澄澈与透明感

果酸和咖啡因是最容易溶解的，因此最先被萃取到咖啡液里。这部分物质尝起来明亮（酸度高）且单薄（醇厚度低）。接下来被萃取的是脂类和脂肪，它们以乳化液的形式从咖啡细胞中释放出来，然后进入咖啡液。这些物质对口感有很大的影响，滤纸会阻止（减少）这些物质进入咖啡液。最后被溶解（萃取）的是类黑素和碳水化合物或植物纤维。类黑素是美拉德反应的产物，是咖啡豆和咖啡液颜色呈棕色的主要原因。

3）酸甜平衡

柠檬酸、乙酸和琥珀酸在浅度和中度焙烤咖啡中含量较高，且含量随焙烤程度加深而明显降低。苹果酸通常在不成熟的咖啡豆中含量较高。咖啡中还富含多糖及脂类化合物等甜味物质。多糖，即纤维素、半纤维素、阿拉伯半乳聚糖、果胶等，这类化合物对咖啡冲泡过程中挥发性风味组分的保留有重要作用，同时还可以影响咖啡的黏度。脂质，包括甘油三酯、萜烯、天然维生素E和植物甾醇，可以起到润滑的作用，从而降低咖啡中苦味和涩味组分的强度，增加咖啡品尝时口感的圆润和丰满程度。合理的烘焙程度和萃取度，可以使咖啡达到适宜的酸甜平衡，保持该咖啡品种所特有的风味。

4）余韵绵长

好的余韵可以留存许久，这也是理想萃取的咖啡的特点之一。

三种萃取程度不同的咖啡的特点对比如表6－1所示。

表 6－1　常见咖啡萃取程度的对比

萃取不足	理想萃取	过度萃取
刺酸味	甜美成熟	苦味
缺乏甜味	澄澈与透明感	干涩感
咸味	酸甜平衡	空洞感
余韵短	余韵绵长	—

五、常见的咖啡萃取方法

1. 滴漏式萃取

滴漏咖啡就是用滴式过滤器（图 6－4）冲泡的咖啡，这种萃取方法就是滴漏式萃取。

具体的做法是，将滤纸折叠后放入滴漏中，在滤纸上倒入适量咖啡粉，用量匙轻敲漏斗壁，使咖啡粉层表面平坦，用细嘴水壶往咖啡粉里加一点热水，让咖啡粉充分湿润，使咖啡粉里的水溶性成分连续溶解。约 20 s 后，从咖啡粉的表面再次注入热水，水量应提前计划好，与所需的咖啡粉的量相匹配，此时从过滤器下部滴漏出的液体就是咖啡液。最开始的几滴咖啡液中含有较多咖啡因，而这几滴咖啡就是咖啡香味的关键，因此萃取的时候要很注意。

滴漏法主要适用于中研磨度的咖啡粉。

滴漏式过滤是最普遍的一种萃取咖啡方式。只要掌握了基本的原则，每个人都可以制作美味的滴漏咖啡。滴漏式咖啡有滤纸过滤和法兰绒滤布过滤两种方式，滤纸过滤是最典型的一种冲泡方法，也是普通人在家中使用频率最高的。根据使用器具的不同，咖啡的香味也会发生变化。所以，首先要掌握最基本的萃取方法。

2. 法式滤压壶萃取

法式滤压壶（图 6－5）由一个圆筒状容器和一个可将咖啡粉和水分离的有轴金属过滤网构成。

萃取方法：将磨好的咖啡粉倒入咖啡壶中，再加入热水，过一会儿后通过按压顶部压杆来挤压过滤网，此时咖啡从容器底部过滤出来。

法式滤压壶的操作方法也是非常简单的，主要适用于粗研磨度的咖啡粉。

图 6－4 用滴式过滤器制作滴漏咖啡

图 6－5 法式滤压壶

3. 虹吸式萃取

虹吸式咖啡壶（图 6－6）的外观很特别，让冲泡咖啡有了一种在实验室里做实验的感觉，仪式感特别强。

萃取方法：先在球形玻璃容器中倒入水，随后加热至接近沸腾，同时将咖啡粉放在漏斗中并将漏斗插入玻璃容器中；水沸腾后就会被吸上漏斗中来，这时咖啡萃取就开始了。一定时间后，只要停止加热，漏斗中的咖啡液会回流，同时进行过滤，咖啡液和粉末就会分离。

虹吸式咖啡壶主要适用于中研磨度的咖啡粉。

图 6－6 虹吸式咖啡壶

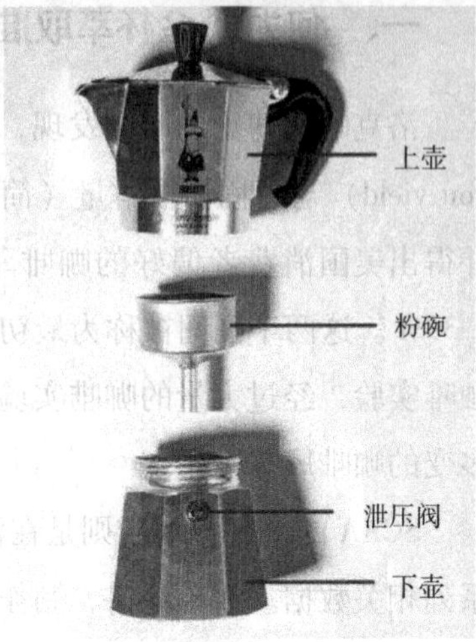

图 6－7 意式摩卡壶

4. 意式摩卡壶萃取

意式浓缩咖啡在咖啡迷心中有着重要的位置，高温、高压是意式浓缩咖啡的冲泡特点，而意式摩卡壶（图6－7）被很多咖啡爱好者当成了家用意式咖啡机。

萃取方法：在下壶注水至泄压阀下；在粉碗中加入磨得很细的咖啡粉；将润湿的滤纸贴在上壶滤网处；将咖啡壶各部分安装好；将正确安装好的摩卡壶放在热源上加热，开始萃取。

意式摩卡壶主要适用于极细的咖啡粉。

5．咖啡机萃取

由于咖啡机的操作更简单，所以比滴漏式的影响更广，也变得越来越普及。但由于用机器冲泡出来的咖啡味道稳定性差，也不像手冲咖啡那样容易把控，所以用咖啡机冲泡方式时，咖啡原料就显得格外重要。

第三节　咖啡的金杯理论

“金杯（Gold Cup）”的概念，一开始是为了寻找在咖啡萃取中各项指标的内在联系，以期找到一个放之四海而皆准的公式，为咖啡的制作提供可查的科学数据支持而提出的。金杯理论中，最重要的莫过于浓度（指总固体溶解量，TDS，下同）与萃取率的数据关系。金杯理论认为，在咖啡萃取的时候，只要浓度和萃取率数据同时落在各自的最佳区域中，萃取出来的一定是美味的咖啡。

一、何为“金杯萃取准则”？

洛克哈特博士的研究发现，在咖啡豆新鲜的前提下，咖啡熟豆的萃取率（extraction yield）与总固体溶解量（简称TDS或浓度）是决定一杯咖啡风味的两大关键指标，并得出美国消费者偏好的咖啡萃取率区间为17.5%～21.2%，浓度区间为1.04%～1.39%。这两个区间被称为最初的“咖啡金杯标准”，它们是世界上第一次通过大量的咖啡实验，经过大量的咖啡实验数据推理及验证，用量化的数字指标表述抽象且复杂多变的咖啡风味。

SCAA的金杯萃取准则是在洛克哈特博士主导的实验基础上，归纳、总结出来的一系列相关数据。简单地讲，制作咖啡时，如果满足以下条件，做出的咖啡就会比较好喝。（金杯萃取准则一般只适用于无额外施加压力的咖啡器具。）

- 咖啡研磨度与砂糖粗细度（直径不到1 mm）相当；
- 水温在92～96°C之间；
- 咖啡粉和水的比例在1∶（15～20）之间（一般可以先取个1∶18的比例试试再

调整）；

• 水与咖啡粉的接触时间（萃取时间）在 4 min 左右（最多不得超过 8 min）。

用专用的仪器来检测这个咖啡液，其萃取率一般为 18% ~22%，浓度为 1.15% ~ 1.35%。换句话说，只要做出的咖啡的萃取率在 18% ~22%，浓度在 1.15% ~1.35% 之间，那这咖啡一定不会难喝。当然了，前提是使用的烘焙咖啡豆新鲜、品质合格。

SCAE（欧洲精品咖啡协会）对金杯萃取准则的定义与 SCAA 略有不同，主要差异为咖啡浓度在 1.2% ~1.45% 之间。

二、 金杯萃取准则图及应用

SCAE 的金杯萃取准则图如图 6 - 8 所示，图中横轴是咖啡豆萃取率，即用来冲煮的咖啡粉被溶解到咖啡当中的物质的比例，如 100 g 的咖啡粉冲煮后，烘干的咖啡渣为 80 g，则有 20 g 的物质被溶解到咖啡中，萃取率为 20%。纵轴是咖啡液的浓度，即咖啡中含有的“固形物”的浓度（TDS）。中间的深灰色靶心就是理想范围金杯。从图中可以看出，咖啡萃取率太高就苦涩，咖啡浓度太低就会显得寡淡无味。

其实金杯理论要表达的结论很简单，当冲泡出的咖啡液浓度（TDS）介于 1.2% ~ 1.45%，同时萃取率达到 18% ~22% 时，就被认为是落在理想的萃取范围内，如图 6 -9所示。

普通的咖啡爱好者通常不会特地测量这些数据。当然也有商家推出了测量 TDS 以及计算萃取率的仪器及软件，可以让普通消费者快速地测量。

然而，对一般的冲煮者而言，金杯理论中的数据并没有那么重要。

既然数据不重要，那么什么才是重要的呢？一般认为是“萃取率对味道的影响”。当透彻地了解萃取率与味道变化的关联性之后，就会对咖啡的冲煮调节有很大的帮助。

咖啡萃取过程中酸甜/苦味与萃取度的关系如图 6 - 10 所示。图中将纵轴与横轴的数据统统去掉，替换上去的则是“浓度/味道”还有“萃取率/味道”的关系。当咖啡浓度高的时候，一般会觉得整体味道比较强，反之则比较弱。最有趣的是当萃取率较低的时候，酸甜的感觉会比较明显，而萃取率变高的时候，则苦味会比较明显。

在图 6 - 10 中，斜线代表的是以固定粉量（22 g）冲煮时，萃取率与浓度之间的关系。当咖啡的萃取率上升时，咖啡的浓度也会同时上升。换句话说，对照着所替换上去的“浓度/味道”和“萃取率/味道”关系，可以得到一个很简单的结论：随着萃取率的上升，咖啡味道会越来越强，而且会从一开始的酸甜感比较明显，慢慢地变成有苦味伴随着出现，甚至到最后只剩下苦味。

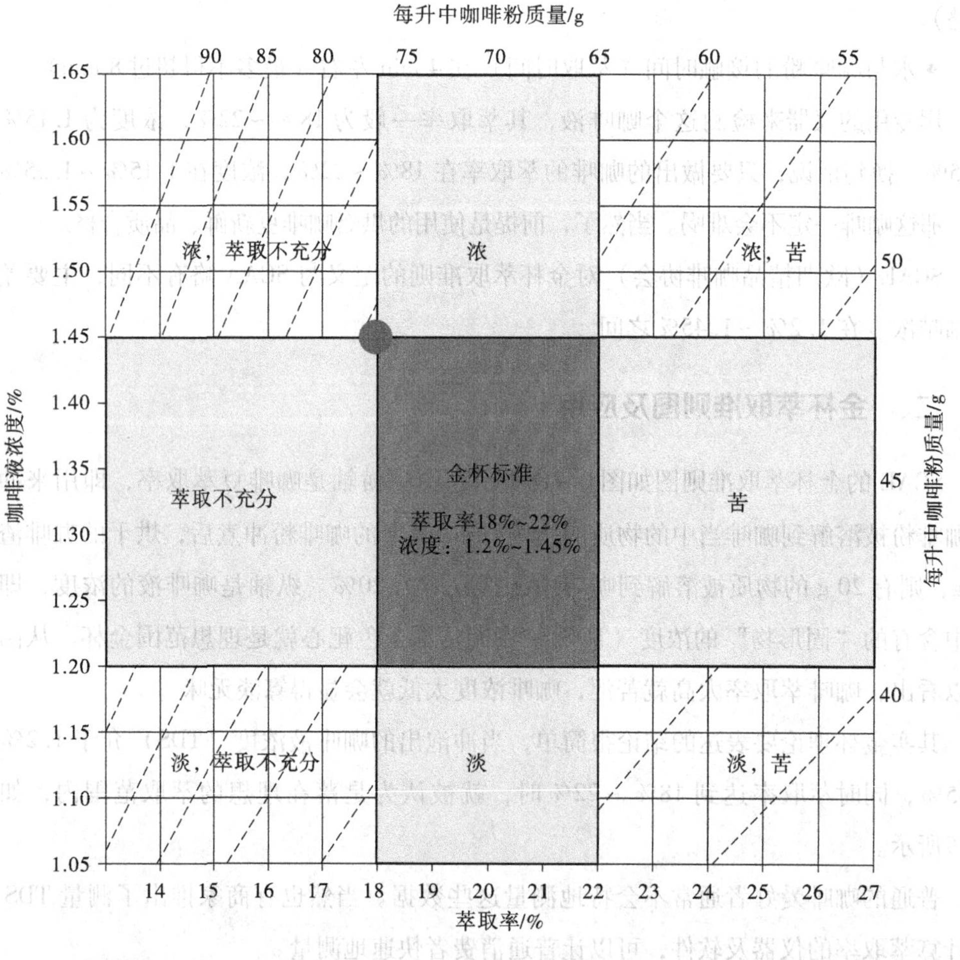

图 6－8　SCAE 的金杯萃取准则图

图 6－9　标准的金杯理论

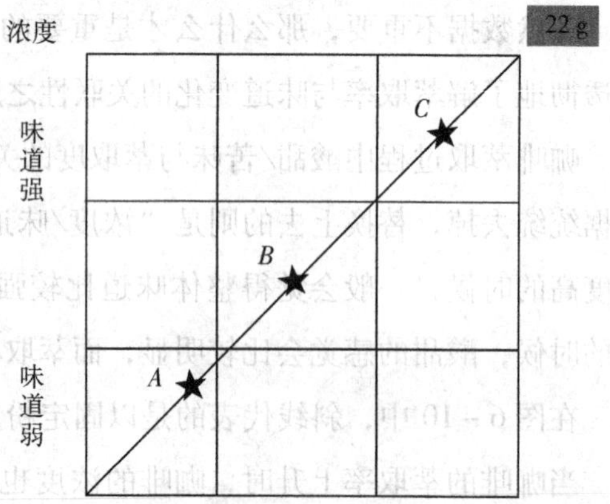

图 6－10　咖啡萃取过程中酸甜/苦味与萃取度关系

以上变化关系也可以用杯测的方式来进行验证。以同样的粉水比在咖啡粉中加入热水进行浸泡（粉水比与平常煮咖啡的比例相同即可）。第一杯只要浸泡一分钟，然后进行破渣，或者也可以用滤杯将咖啡渣滤去。第二杯浸泡两分钟，第三杯则浸泡三分钟。如此一来，就可以得到图 6－10 中 *A*、*B*、*C* 三个落点的咖啡了，接下来试着喝喝看是不是和上述结论一样。

在品尝的时候，也是有一些小技巧的。图 6－11 是人体舌头味蕾的分布示意图。在品尝过程中，可以回想这张图，并且专注在两件事情上，第一是酸甜苦的强度，第二则是酸甜苦出现的位置。能够感觉到酸味的味蕾多半分布在舌头两侧以及延伸到舌头前端的地方。感受甜味的味蕾则是分布在舌头前端，在经验上通常整个舌面也算是甜味味蕾比较密集之处。感受苦味的味蕾则是分布于舌根的地方，适量的苦味是可以带出绵长喉韵的。感受咸味的味蕾在舌尖和舌头两侧的前半部分，但因为咸味在咖啡领域中不是讨喜的味道，在金杯理论的品尝实验里，通常只关注酸甜苦与萃取率之间的关系。

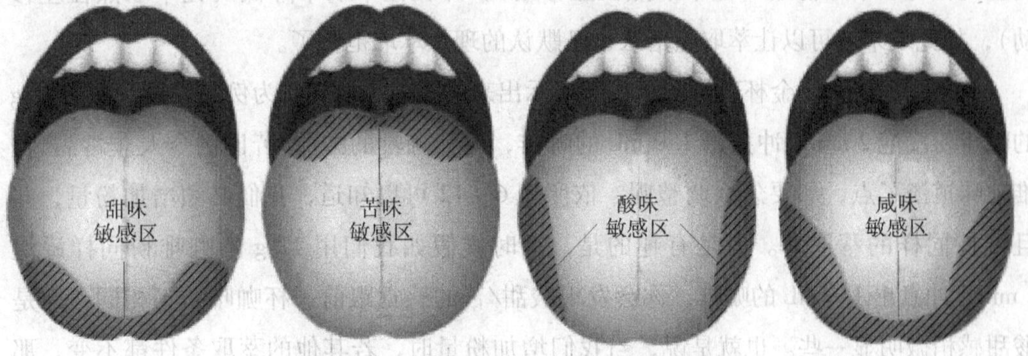

图 6－11　人体舌头味蕾的分布示意图

要注意的是，所谓的萃取率低时酸甜较明显，萃取率高时苦味较明显，指的是酸、甜、苦之间的比例，而非绝对的强度。例如萃取点 *B* 的酸甜“强度”有时候是会比萃取点 *A* 的酸甜“强度”要高的，只是因为萃取点 *B* 会伴随着苦味出现，所以饮用的时候，酸甜的感觉在所有感受到的味道中比例变低了，才会有酸甜感变得不明显的错觉。

粉量对于咖啡冲煮也会有很大的影响。一般来说粉量越多味道越强，粉量越少味道越弱，但是对一般使用者来说，最重要的事情除了味道强弱（也就是图 6－12 的纵轴）之外，就是酸甜/苦的比例变化了。

酸甜/苦的比例变化与咖啡粉量的关系如图 6－12 所示。图中有三条斜线，上方的斜线粉量比中间的斜线粉量多，而下方的斜线粉量比中间的斜线粉量少。我们可以看到，当三种不同的粉量达到同样的萃取率（所呈现的酸甜/苦感觉相同）时，粉量越多

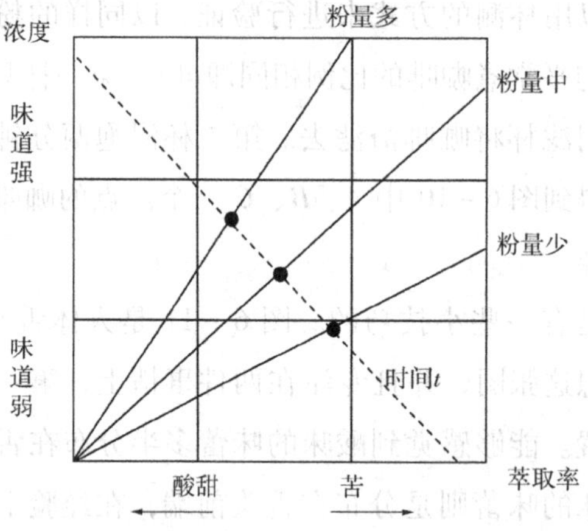

图 6－12　酸甜/苦的比例变化与咖啡粉量的关系

的那一杯味道就越强，反之味道就比较弱。

如果觉得冲煮出的咖啡很淡，而且只有喉韵，但又希望酸甜感多一些时，要怎么调整呢？可以增加粉量（让萃取点往上移动），并且让萃取率降低（让萃取点往左移动），如此一来就可以让萃取点落入自己默认的理想萃取范围了。

此外，还有一个金杯理论图里没有显示出来的重点。以杯测为例，假设我们用 10 g 的咖啡粉浸泡 2 min，冲煮出 150 mL 的咖啡，这杯咖啡的酸甜/苦比例令人非常满意，唯独味道淡了点，那要怎么调整呢？依照图 6－12 可以知道，我们必须增加粉量，并且维持同样的萃取率。但是有趣的是，这时候假如我们用 12 g 的咖啡粉同样浸泡 2 min，冲煮出 150 mL 的咖啡，你会发现酸甜/苦的感觉跟前一杯咖啡并不相同，而是酸甜感稍微明显一些。也就是说，当我们增加粉量时，若其他的萃取条件都不变，那么所得到的萃取率是会降低的，就如同图中的虚线所示。相反地，当粉量减少时，若其他的萃取条件都不变，那么所得到的萃取率是会增加的。换句话说，当改变粉量时，必须同时思考冲煮的其他参数是否需要跟着调整，在这个例子中，对于 12 g 的咖啡粉，可能需要浸泡到 2.5 min 来达到类似的酸甜/苦比例。

三、 金杯理论的局限性

金杯的概念，是在 20 世纪中叶的时候被提出的。有很多人认为，金杯理论就是个数据包。它让冲泡有了一个基本标准，有了一条红线，只要浓度和萃取率落在金杯区间，那么最起码这杯咖啡不会难喝到哪里去。

当然，与之相对的，也有很多人并不这么认为。近段时间我们总是会听到这样的一个论调：金杯理论实际上是个“坑”，即使符合了金杯理论，也未必是好喝的咖啡。

然而，就金杯理论本身而言，实际上并没有什么对或者错。这就和很多科学理论一样，它的出现，并不是单纯为了“解一道题”，而是为了给解题者指明一个研究方向。

金杯理论的表象虽然是体现在浓度和萃取率的数据关系上，但它的立足点却是数据统计，并且是一种主观数据的统计。而咖啡与其他饮食一样，它受到地域的影响和制约非常大。各地人群的口味不同，会直接导致金杯数据的巨大差异。即使在同样的区域，这些数据也会随着人口结构的改变、气候的改变、饮食文化习惯的改变而改变。这也就解释了，SCAA 的金杯数据与 SCAE 的金杯数据存在不同的原因。

其次，金杯的提出，距今已经有几十年了。在这几十年里，咖啡豆的种植技术、处理技术、烘焙技术都得到了飞跃性的发展，特别是精品咖啡概念的提出，在所谓第三波咖啡浪潮的推动下，咖啡豆的质量已经达到了一个前所未有的高度，这根本无法与几十年前的咖啡同日而语。

因此，抱守几十年前统计出来的金杯数据显然是不合时宜的。但金杯理论为人们提供了研究方向，有其一定的价值。

【拓展阅读】

金杯标准在各国的发展历史

洛克哈特博士领导的 CBI 于 1964 年升级为咖啡泡煮研究中心（Coffee Brewing Center，简称 CBC），为加强各项咖啡研究计划和推广工作，经过多方辩证修改和专家测试后，“咖啡金杯标准”的萃取率区间调整为 18% ~22%、浓度（TDS）区间调整为 1.15% ~1.35%，这个“咖啡金杯标准”被 1982 年成立的美国精品咖啡协会（SCAA）采用至今，是世界咖啡行业影响力最大的咖啡标准之一。

然而，由于咖啡萃取率和浓度的检测费力费时，咖啡从业者没有方便可靠的检测设备，难以完成每日自我检测所做的咖啡液是否符合萃取率 18% ~22%、浓度（TDS）1.15% ~1.35%的“咖啡金杯标准”，这对监管部门也是很棘手的事。直到 2008 年萃取分析器研制成功，咖啡业界有了简便可靠的检测器，“咖啡金杯标准”才在美国流行起来，由 SCAA 负责认证业务。

洛克哈特博士的研究成果在世界上产生了蝴蝶效应。1970 年后，欧洲各国相继跟进采用此方法研究符合当地咖啡消费者偏好的咖啡萃取率和浓度区间。挪威咖啡协会（Norwegian Coffee Association，简称 NCA）以同一产地的咖啡生豆在同一烘焙条件下烘焙，泡煮出萃取率与浓度不同的多款咖啡，邀请民众试喝并进行问卷调查总结，归纳出最适合挪威大众口味的咖啡萃取率，居然与洛克哈特博士在美国做的调查不谋而合，同为18%～22%。但挪威人偏爱的咖啡浓度高于美国人，因此NCA制定的“咖啡金杯标准”浓度为1.3%～1.55%，高于洛克哈特博士团队制定的标准。

1975年，挪威咖啡协会为了加强咖啡科学研究、咖啡标准推广及相关认证工作，成立了欧洲咖啡泡煮研究中心（European Coffee Brewing Center，简称ECBC），是世界上最早的独立咖啡研究室，拥有一批专业的咖啡技术人才为挪威的咖啡品质把关，推动挪威咖啡技术进步，建立咖啡质量控制体系。研究中心首先对挪威电动滴滤式咖啡机进行认证管控，电动滴漏式咖啡机只有通过该中心检测，水温和萃取时间达到中心制定的标准，才能获得印有ECBC认证徽章的标识。在该中心的大力宣传和咖啡知识推广普及下，咖啡消费者乐于选购有认证的咖啡机，间接地规范了咖啡机的生产，促进了挪威“咖啡金杯标准”的推广和咖啡消费的有序发展，挪威咖啡消费量也从ECBC成立之前的平均每人每年消费7 kg咖啡，飙升到1980年的平均每人每年消费10 kg咖啡，成为全球个人平均消费咖啡量最高的国家之一。

1998年6月，欧洲精品咖啡协会（Specialty Coffee Association of Europe，简称SCAE）在伦敦成立，也制定了SCAE版“咖啡金杯标准”，巧合的是所制定的萃取率区间也是18%～22%，但英国人偏爱的咖啡浓度区间为1.2%～1.45%，高于美国SCA的咖啡浓度1.15%～1.35%、低于挪威ANCA的咖啡浓度1.3%～1.55%。SCAE成立后致力于欧洲“咖啡金杯标准”的宣讲、咖啡技能人员的培训及相关认证工作，促进了欧洲咖啡消费及世界各国咖啡消费的发展。近几年巴西咖啡协会（ABIC）也公布了巴西版“咖啡金杯标准”，咖啡萃取率区间仍是18%～22%，但巴西的咖啡浓度区间却是最高的，为2.0%～2.4%。

第七章

咖啡的品鉴

第一节　精品咖啡相关基础

"精品咖啡（Specialty Coffee）"一词是1974年由娥娜·努森（Erna Knutsen）提出的。她将精品咖啡描述为"特定的地理条件与微型气候下生产出的具备独特风味的咖啡豆"。

微型气候（micro climates）是葡萄酒界常用的词，亦称地方性气候、微气象或局部区域气候等。不管是葡萄园或咖啡园，在有限范围内的气候都会影响作物生长，培养出有些微差距的成品。例如纬度高低，是否近海、近湖泊或河川，园地的方向或倾斜度，日夜温差、降雨量及日照量等，诸如此类细微的自然环境差异，都会影响土地所赋予的独特风味。

根据娥娜·努森的观察，并非所有的咖啡都是同一种风味的，而那种与众不同、风味很好的咖啡，就是精品咖啡。严格来说，当时的精品咖啡并没有很明确的定义。直到2009年，美国精品咖啡协会（SCAA）为咖啡生豆制订了一个要求，即杯测分数不得低于80分，才为精品咖啡订立出比较科学的量化标准。

结合美国精品咖啡协会、欧洲精品咖啡协会（SCAE）、日本精品咖啡协会（SCAJ）全球三大精品咖啡协会对精品咖啡的定义，精品咖啡涉及"由一颗咖啡种子到一杯咖啡"的所有过程，一杯精品咖啡并不单指已被冲煮好、送到消费者口中的那杯咖啡，而是强调生产这杯咖啡的整个流程，从种植咖啡的农民、挑选豆子的生豆商、烘焙生豆的烘焙师、冲煮咖啡的咖啡师到最后品尝风味的消费者，都是成就一杯精品咖啡的重要角色。

一、精品咖啡豆的评测及定级

精品咖啡豆是精品咖啡的本质，提高咖啡豆的品质是发展精品咖啡的基础。早在

1890 年左右，美国旧金山的席尔斯兄弟咖啡公司（Hills Bros. Coffee）为了保证每批采购的咖啡生豆的品质，就开始对进口咖啡生豆进行两个阶段的杯测：在咖啡豆产地发货前先取样进行杯测，对杯测达到要求的咖啡豆批次保留样品并安排发货，咖啡豆运送到烘焙工厂再进行第二次杯测以确认咖啡豆和先前取样杯测的是同一批次。杯测控制咖啡豆品质的方法被咖啡烘焙工厂和咖啡豆贸易商沿用至今。

1974 年娥娜·努森女士在《茶与咖啡》（月刊）上第一次提出“精品咖啡”一词，文中指出“只有在最有利的微气候与水土下才能种植出风味独特的精品咖啡”，特别强调了种植环境的重要性。1982 年娥娜·努森等人创办了美国精品咖啡协会（SCAA），对精品咖啡进行了重新定义，即“选择最合适的咖啡豆品种，种植于最有助于培养咖啡风味物质的海拔、气候与水土环境；精致水洗和日晒加工，精细挑选无瑕疵的最高级咖啡生豆，运输过程零缺陷地送到客户手中；经过咖啡烘焙师高超手艺烘焙，引出最丰富的地域之味（terroir），再以公认的萃取标准，泡出美味的咖啡液”。“精品咖啡”一词逐渐成为全球咖啡用语，精品咖啡豆有别于美国纽约期货中心的大宗商用咖啡豆，特指具有独特地域之味的咖啡生豆。

为支持和鼓励咖啡种植者提高咖啡豆品质，1999 年美国人乔治·豪尔（George Howell）在联合国的资助下，在巴西举办首届“超凡杯”（Cup of Excellence，简称 COE）精品咖啡品鉴大赛，点燃精品咖啡“杯测”的火种，制定 COE“杯测”评分细则。此后，COE 比赛每年在咖啡豆生产国举办，通过杯测评选精品咖啡生豆，杯测达 84 分以上的优胜豆通过世界网络竞标销售。精品咖啡生豆与一般商用咖啡豆相比，有很高的价格优势。相关资料显示，2019 年之前获得 COE 大赛的咖啡豆品种占比为：卡杜拉（Caturra）占 28.5%、波旁（Bourbon）占 23.8%、帕卡马拉（Pacamara）占 20.6%、铁皮卡（Typica）和卡杜拉（Caturra）混合豆占 6.9%、盖莎（Geisha）占 3.6% 等。

SCAA 每年也举办“年度最佳咖啡”杯测赛，其最后得分的分级表如表 7－1 所示。

表 7－1 SCAA 杯测最后得分（final score）的等级表

杯测最后得分（100 分制）	等级	精品等级
90～100 分	超优（outstanding）	精品级
85～89.99 分	极优（excellent）	精品级
80～84.99 分	非常好（very good）	精品级
低于 80 分	未达精品标准	非精品等级

在SCAA“年度最佳咖啡”杯测赛中荣登优胜“金榜”的精品咖啡豆，一般杯测得分至少83分以上，得分大部分集中在83～89.99分之间，达到或超过90分的竞赛豆很少，这与评审给分严格及咖啡豆品质等因素有关。尽管咖啡豆初加工的工艺技术随着科技进步而提升，促使咖啡豆的品质逐年提高，但咖啡树种植土壤中的矿物质及所需养分的逐年消耗使得咖啡豆的内含物质逐年减少。虽然人工施肥有利于促进咖啡豆品质提高，但精品咖啡豆具有的独特地域之味难以再现。世界各地的咖啡种植者都在想方设法努力培育本地区的精品咖啡风味，培育适应本地区生长环境的咖啡豆新品种，改良水土养分，以提高咖啡豆的品质。

2009年，我国台湾地区的咖啡公司将在阿里山种植的铁皮卡咖啡豆选送参加SCAA“年度最佳咖啡”杯测赛，杯测分数83.5分，获该年度SCAA“年度最佳咖啡”前十二名金榜的第十一名。

二、咖啡品质鉴定师及咖啡技能竞赛

1. 咖啡品质鉴定师

由美国精品咖啡协会SCAA主导成立的咖啡品质研究学会（Coffee Quality Institute简称CQI），是一家致力于提高咖啡品质和提高咖啡生产者经济收入的国际性咖啡组织。CQI于1985年出版了《咖啡杯测师手册》（*The Coffee Cuppers' Handbook*），1995年推出“咖啡品鉴师风味轮”（the Coffee Taster's Flavor Wheel）。

2003年，CQI创立了Q Grading体系。在这一体系中，CQI建立了一种通用的咖啡语言，以便咖啡从业者在咖啡生产、处理、出口定价、烘焙等各个环节，都有一个客观、标准的质量评判、分级标准。这样，当Q Grading的标准运用到咖啡品鉴中时，就能得出更客观的结论。而经过培训、考试并能够熟练运用这套体系的人就被称为“Q Grader”，在中文中通常被称为“咖啡品质鉴定师”。

Q Grader考试包括生豆分级测试、熟豆辨认测试、理论测试、嗅觉测试、味觉测试、有机酸测试、烘焙度测试、三角杯测测试等共22项测试。Q Grader在业界有很高的认可度，但考试的通过率非常低，全球现有的Q Grader不过数千人。很多咖啡从业者都将Q Grader视为职业生涯的一个重大目标。

2. 咖啡技能竞赛

2017年，美国精品咖啡协会（SCAA）和欧洲精品咖啡协会（SCAE）合并成立的精品咖啡协会（Specialty Coffee Association，简称SCA），是一家基于会员制的非营利性国际精品咖啡组织，通过组织咖啡赛事活动、咖啡技能培训和咖啡研究三方面的实践活动影响全球咖啡产业的发展。SCA 的重要特色和优势是建立了咖啡技能培训项目（Coffee Skills Program，简称 CSP），CSP 培训内容分为：咖啡简介（introduction to coffee）、咖啡技术（barista skills）、咖啡研磨萃取（brewing）、咖啡生豆评价（green coffee）、咖啡感官评估（sensory skills）和咖啡烘焙（roasting）。

与 SCA 咖啡赛事活动关联的世界咖啡赛事活动组织（World Coffee Events，简称 WCE），最初由美国精品咖啡协会 SCAA 和欧洲精品咖啡协会 SCAE 共同创立，得到了多个国家和地区咖啡组织的响应和支持。在各地区各种咖啡竞技赛事风起云涌的今天，参赛选手通过各种大小赛事选拔、争相参与 WCE 的各项竞赛，推动全球咖啡产业的发展及咖啡消费进步。

目前 WCE 组织的赛事共有六项：世界咖啡师大赛（WBC）、世界咖啡拉花大赛（WLAC）、世界咖啡冲煮大赛（WBrC）、世界咖啡调酒大赛（WCIGS）、世界咖啡杯测大赛（WCTC）和世界咖啡烘焙大赛（WCRC）。每年世界各地的咖啡组织和选手都积极参加各种大大小小的赛事，推动着咖啡技术的交流与进步。2019 年，来自北京的选手杜嘉宁代表中国参加被誉为“咖啡领域的奥林匹克竞赛”的 WBrC 世界咖啡冲煮大赛并获得了冠军，将“中国咖啡师”的形象展现在世界咖啡舞台上。

三、我国精品咖啡及其发展状况

我国从 19 世纪末开始种植咖啡，20 世纪 50 年代政府鼓励和支持咖啡种植，80 年代达规模化量产，但产品主要作为商业豆原料供给国外咖啡公司。2012 年，政府部门为促进咖啡产业发展，提倡种植生产精品咖啡。

为提高生产者对咖啡豆质量的重视，自 2016 年起，云南每年举办一届咖啡生豆大赛。我国生产的咖啡生豆 86% 以上产自云南，因此可以说云南省咖啡生豆大赛代表了中国咖啡生豆的生产水平。2017 年，全省咖啡种植企业共选送 120 批咖啡生豆参与测评竞赛，经过三轮测评选拔，孟连班安咖啡加工厂选送的日晒卡蒂姆咖啡生豆获得 85.5455 分，获得第一名。按照国际咖啡测评标准，前 12 批“优胜豆”中有 10 批得分超过 83 分，进入世界公认的精品咖啡豆生产行列（表 7－2）。

表 7－2　第二届云南生豆大赛“优胜豆”得分情况

排名	比赛编号	企业名称	加工方式	分数
1	YNC17079	孟连班安咖啡加工厂	日晒	85.5455
2	YNC17070	西双版纳共语咖啡发展有限公司	日晒	84.7045
3	YNC17092	宁洱云华咖啡有限公司	水洗	84.1364

续上表

排名	比赛编号	企业名称	加工方式	分数
4	YNC17090	宁洱普义乡金营咖啡场	水洗	84.0455
5	YNC17083	孟连达雅贸易有限责任公司	水洗	83.7841
6	YNC17103	普洱市龙科咖啡有限公司	日晒	83.7273
7	YNC17063	勐海啡可咖啡种植专业合作社	蜜处理	83.2386
8	YNC17058	孟连县娜允镇芒掌咖啡加工场	水洗	83.1932
9	YNC17017	墨江晶工庄园特产开发有限公司	日晒	83.1364
10	YNC17047	孟连班安咖啡加工厂	水洗	83.0568
11	YNC17006	普洱凰关咖啡有限公司	水洗	82.7841
12	YNC17107	普洱市龙科咖啡有限公司	水洗	82.2614

注：资料由孟连咖啡协会提供。

与2017年云南咖啡生豆大赛相比较，按照国际咖啡测评标准，2018年大赛前12批“优胜豆”全部得分超过83分（表7-3），说明了云南省生产的咖啡生豆品质在进一步提高，越来越多的云南咖啡种植企业进入世界公认的精品咖啡豆生产行列。

表7-3　第三届云南生豆大赛“优胜豆”得分情况

名次	参赛编号	参赛企业	品牌名称	加工方式	分数
1	YNC18109	孟连天宇咖啡农民专业合作社	天宇咖啡	全日晒	85.2625
2	YNC18058	孟连娜山纳水旅游开发有限公司	斑马庄园	全日晒	84.9375
3	YNC18074	宁洱县普义乡漫崖村经济作物专业合作社	蔓雅咖	水洗	84.3000
4	YNC18052	西双版纳共语咖啡发展有限公司	共语02号	全日晒	84.2000
5	YNC18099	上海庸曼咖啡有限公司	Roman coffee	水洗	84.1750
6	YNC18090	普洱裕岭一热带作物开发有限公司	裕岭咖啡	全日晒	84.0625
7	YNC18102	普洱裕岭一热带作物开发有限公司	裕岭咖啡	全日晒	83.9500
8	YNC18069	宁洱普义乡金营咖啡场	金营咖啡	水洗	83.8875
9	YNC18104	孟连班安咖啡加工厂	班安咖啡	水洗	83.7875
10	YNC18080	上海庸曼咖啡有限公司	Roman coffee	水洗	83.6875
11	YNC18122	保山市高老庄农副产品开发有限公司	木兰咖啡	蜜处理	83.6500
12	YNC18025	普洱金树咖啡产业有限公司	金树咖啡	蜜处理	83.5500

注：资料由孟连咖啡协会提供。

咖啡豆的晾晒按照质量等级分为一般咖啡豆晾晒（图7-1a）和精品咖啡豆晾晒

(图7－1b)。一般咖啡豆的加工量大，在干净的水泥地上晾晒脱水或人工辅助加热脱水。在这样的晾晒过程中，咖啡豆会吸收水泥地的杂味，还可能发生咖啡豆胚芽被加热过度而失活的情况，造成咖啡风味干净度低、寡淡，所得的咖啡豆主要用于制作速溶咖啡或工业咖啡产品。精品咖啡豆则要求在离地50 cm的晒架上靠太阳光照晒或风干使咖啡豆自然脱水，脱水过程中保持咖啡豆胚芽活性，咖啡风味干净无杂味，可突显咖啡豆固有的地域之味，是制作单品咖啡的首选咖啡豆。

第二节　咖啡的杯测

一、了解咖啡杯测

咖啡杯测（coffee cupping）是评测咖啡豆风味的一种方法，通常是指采用同一烘焙环境下同一烘焙度烘焙的不同咖啡豆（不同品种的咖啡豆、不同处理方式加工的咖啡豆、不同地区生产的咖啡豆或在不同海拔生长的咖啡豆等），尽可能以统一的萃取条件及萃取方法萃取咖啡液，采用品啜方式评测咖啡液，通过嗅觉、味觉与触觉的经验值，将咖啡的香气、滋味及口感的三大抽象感受内容形成文字表述并量化为分数记录。咖啡的杯测是常用的品鉴咖啡和评测咖啡豆质量的方法。

咖啡豆烘焙师还会将同一批次的咖啡豆采用不同的烘焙度（浅度烘焙、中度烘焙、深度烘焙等）进行烘焙，通过咖啡杯测寻找该批次咖啡豆的最佳风味，以此确定咖啡豆批量烘焙时的烘焙工艺。咖啡师技能培训过程中，会设置3杯以上不同风味的咖啡让学员进行杯测，训练学员认识和区分不同风味的咖啡豆的能力，逐步提高品鉴咖啡和评测咖啡豆的技能。

杯测的闻香气、品鉴滋味及评香论味术语源自历史更悠久的品酒文化。相较于品酒，咖啡杯测的兴起相对较晚，可供使用的技术及设备相对多些。

在各类争香斗醇的风味中（花香、果香、酒香、天然植物香、动物香、化学合成香等），咖啡香气最为复杂难解。根据伊凡·弗雷曼（Ivon Flament）所著的《咖啡香味化学》（*Coffee Flavor Chemistry*）一书中记录，从1960年开始，咖啡研究者对咖啡豆做了大量的科学实验，已从咖啡生豆中分离出300多种化合物，而咖啡豆在烘焙过程中又发生了复杂的化学反应，在咖啡熟豆中分离出的化合物超过850种。查阅世界各地不同研究者报告的咖啡实验资料，科学家推测咖啡中具有挥发性、水溶性的有机或无机化合物至少在1200种以上，远超巧克力所含的300多种化合物和葡萄酒所含的

500多种化合物。咖啡生豆的内含物质随着种植环境、品种及成熟时间的变化而变化，同一款咖啡生豆随着烘焙环境和烘焙度的不同会发生不同的化学反应，产生更为多变的化合物，从而给咖啡杯测带来了更为丰富的挑战性和趣味性，深深吸引了咖啡研究者和咖啡爱好者。

二、咖啡杯测的风味轮

杯测用的“咖啡品鉴师风味轮”（the Coffee Taster's Flavor Wheel），也就是将咖啡味谱以圆形图形式分类表示的图，是在1995年由SCAA整理绘制的。

咖啡味谱分为正常味谱和异常味谱两部分，把在生长、加工和运输储存过程中未受到损伤和霉变的正常咖啡生豆，在正常的烘焙环境下采用正常的工艺烘焙而得的咖啡熟豆产生的味谱分为正常味谱；瑕疵豆及正常咖啡生豆在咖啡豆烘焙过程中，因烘焙环境突变（如突然停电或热源供应异常）及烘焙工艺操控偏差（咖啡烘焙师经验不足或技巧欠缺）造成的非正常咖啡熟豆产生的味谱分为异常味谱。

SCAA绘制的咖啡风味轮内容全面而复杂、表述用语较偏向美国地方特色，在SCA网站有售卖，每张印有两图，分别为味谱正常的风味轮和生豆变质的风味轮，学习和应用难度大，特别是对初学者会造成入门障碍。但是，咖啡风味轮建立了统一的咖啡味谱表述用语，可帮助咖啡杯测人员和咖啡从业人员用相对统一的表述用语记录咖啡豆实验过程变化及评测咖啡豆质量。

为方便学习和提高杯测效率，我们也可建立适合自己咖啡杯测的“自用咖啡风味轮”，将我们较熟悉的荔枝味、沉香味、鸡枞味用于“自用咖啡风味轮”。咖啡味谱由“气味谱”和“滋味谱”构成，前者指杯测咖啡的挥发性干香和湿香，后者指水溶性滋味。

“气味谱”的香气靠鼻子的嗅觉细胞单元来感受和鉴赏，鼻子鉴赏应分为前鼻腔鉴赏和后鼻腔鉴赏。一般咖啡杯测是闻干香和湿香，挥发性物质可以按低分子量、中分子量、高分子量划分评述，低分子量芳香物散发快、留香短，高分子量芳香物散发慢、留香长。部分咖啡芳香物质溶解在咖啡液里难挥发，我们可以在咖啡液入口下咽后闭嘴呼气，通过后鼻腔鉴赏到留香长的高分子量咖啡芳香物。制订自用咖啡杯测方案时，可以增加后鼻腔鉴赏咖啡芳香物的内容。

“滋味谱”的液化咖啡滋味由口腔味蕾细胞单元来捕捉、鉴赏。同一款咖啡生豆经过不同的烘焙度烘焙后的风味差异大，不同的人口腔味蕾有差异，不同时期人们追求的流行咖啡风味不同，这些都造成了杯测结果的差异。例如，“不苦就不是咖啡”这句话在咖啡界流行了很长时间，而近期咖啡从业人员会更重视酸甜平衡感。“回甘”“苦尽甘来”是爱茶人和制茶人离不开的话语，而好的咖啡液入口后的“回甘”比茶汤入口后的回甘更明显或更持久，制订新的咖啡杯测方案时可以加入“咖啡回甘”的表述内容。好咖啡入口后，喉部的苦味会在口腔分泌唾液的作用下快速转化成甜味，回甘持久。这样的“回味无穷”增加了品赏咖啡趣味性和制作咖啡的创新性，促进了咖啡的创意开发及利用。

三、 咖啡杯测手册

1985 年，SCAA 出版了《咖啡杯测师手册》（*The Coffee Cupper's Handbook*），规范和指导咖啡从业人员评测咖啡生豆质量。1999 年，SCAA 的创始人之一乔治·豪尔（George Howell）争取到联合国的资助，用于推广咖啡技术进步，发展咖啡产业。他在巴西举办了首届“超凡杯”（Cup of Excellent，简称 COE）精品咖啡品鉴大赛，为咖啡研究人员、咖啡消费者和咖啡种植者提供交流学习平台，促进咖啡种植企业改进咖啡种植技术、提高精品咖啡生产技能和精品咖啡豆品质。

SCAA 和 COE 的咖啡杯测表及杯测准则是目前精品咖啡界最常用的两大系统，SCAA 和 COE 的咖啡杯测表的内容及记录表格大同小异，都是根据咖啡杯测生豆和杯测目的、杯测环境及参加杯测人员的情况制订相应的杯测方案，完成杯测目的、享受杯测乐趣。

四、 咖啡杯测要求

咖啡豆杯测时的萃取方式应力求简单、统一、无外力干扰，采用浸泡式萃取可以排除或减少冲泡技巧与手法不同造成的误差。萃取时，使用的杯具、水质、咖啡粉研磨度、萃取浓度及浸泡时间均有统一规范。

1. 杯具

使用容量为 150～180 mL 的厚玻璃杯或陶瓷杯进行杯测，如图 7－2 所示。杯具必须干净无异味，大小和材质要统一。最好是选用同一厂家的同一批次产品，这样的杯具的材质、密度、制造过程相同，有利于保证热传导的一致性。另外准备无异味的杯盖，方便及时遮盖研磨好的杯测咖啡粉样品。

SCAA 杯测标准要求每种受测样品豆准备五个杯子，以评测样品豆制成的每一杯咖啡风味是否如一；COE 比赛要求每种样品豆准备四个杯子，以保证评测结果的精确性及比赛的公平公正；至于一般咖啡店或咖啡工作室的杯测，每种样品豆准备三个杯子即可。每种样品豆的杯数无严格规定，根据杯测单位或杯测的要求而定，重点是每个杯子的材质和容量必须统一。

图 7－2　杯测所用杯具

2. 水质

现行的标准中，要求杯测用水必须洁净无异味，且不得使用蒸馏水或软水。根据SCAA过去的标准，杯测最理想水质的TDS介于125～175 mg/L之间，不要低于100 mg/L，但也不要高于250 mg/L。因为TDS低于100 mg/L的水质太软，水中内含物太少，容易造成咖啡萃取过度；若TDS高于250 mg/L，则水中矿物质太多，会影响口感，也会造成咖啡萃取不足。然而，这一标准范围并不总是正确。例如，我国某优质咖啡生豆产区山泉水TDS低于50 mg/L，用来进行咖啡杯测以指导咖啡生豆生产加工时，却得到国内外咖啡从业者和咖啡爱好者的赞同及认可。因此，由于水质对咖啡萃取的影响机理复杂，咖啡杯测用水TDS的指标范围存在争议，应根据现场实际情况和杯测目的选择杯测用水，探索当地水质状况及所杯测咖啡豆的内含物质成分对咖啡风味的影响机理，规划可操作性强、实用的杯测方案。2009年11月，SCAA对咖啡杯测用水的TDS的指标范围进行修正，根据修正后的杯测水质标准，最理想的杯测水质TDS为150 mg/L，可接受的咖啡杯测用水TDS的指标范围放宽至75～250 mg/L。

3. 研磨度

杯测用咖啡粉的研磨度要统一，一般比有滤纸的美式滴滤咖啡机用咖啡粉的研磨度稍粗一点，70%～75%的咖啡粉能筛过美国20号标准筛网，即咖啡粉粒径为850μm（0.85 mm）。这比一般手冲或虹吸壶用咖啡粉稍粗，接近法式滤压壶用咖啡粉的粗细度，大概是台式小飞马磨豆机刻度为4#时中度烘焙咖啡豆的磨粉粒度要求。因为杯测的浸泡时间相对较长且处于静置状态，磨粉过细容易产生粉状咖啡渣泥沉淀或造成萃取过度，影响杯测评述。

每份受测样品豆必须磨足够的量，以清除前一份样品豆残留在磨刀上的余味。样品豆磨粉后最好在15 min内完成注水并进行测评，如果咖啡粉要放置15 min以上，务必在杯口加盖，以降低咖啡粉氧化程度，咖啡粉放置时间最长不得超过 30 min。

杯测咖啡粉中的过细粉含量也会影响测评。不同厂家磨豆机的刻度对应的磨粉细度有差异，同一厂家生产的磨豆机新旧刀片磨粉细度也有差异。实际杯测对比试验时，应综合分析差异因素，修正误差，以获得精准的杯测效果。

4. 咖啡液浓度（TDS）

杯测咖啡熟豆克数与热水（93℃）毫升数的比例为 1∶18.18，即 8.25 g 的咖啡熟豆磨粉后以 150 mL 热水萃取，或 9.9 g 的熟豆磨粉后以 180 mL 热水萃取，或 11 g 的咖啡熟豆磨粉后以 200 mL 热水萃取。换言之，只要符合咖啡熟豆克数与热水毫升数的比例为 1∶18.18 即可。但实际操作中，会出现咖啡熟豆磨粉后有少量咖啡粉残留在磨豆机磨室的情况，故必要时应复查咖啡粉的克重并对误差加以修正，以保证杯测的精准度。

SCAA 之所以规定咖啡熟豆与热水的比例为 1∶18.18，是因为按此比例萃取的咖啡液浓度（TDS）恰好在“金杯标准”所规定的 1.15% ~1.35% 的中间区域。杯测要求的咖啡浓度比一般滤泡式咖啡淡一些，以免咖啡太浓使味谱纠结在一起，不易分辨咖啡的好坏。杯测咖啡目标不同时，对应的杯测咖啡熟豆与热水比例应做相应的调整，以使咖啡液更能突显目标风味。尤其是初学者学习和练习咖啡杯测技能时，改变浓度进行对比学习训练可提高学习效率。

5. 浸泡时间

让咖啡粉在杯内按照要求浓度浸泡 3 ~5 min，不要搅拌，到时间后再进行破渣、闻香与品鉴。湿香评测是 SCAA 杯测的内容，不搅拌可以使咖啡芳香物质尽可能在杯测破渣环节释放出来，方便杯测师评测。若浸泡超过 5 min，会有部分咖啡芳香物质流失，因此在浸泡时，要进行计时，如图 7 -3 所示。

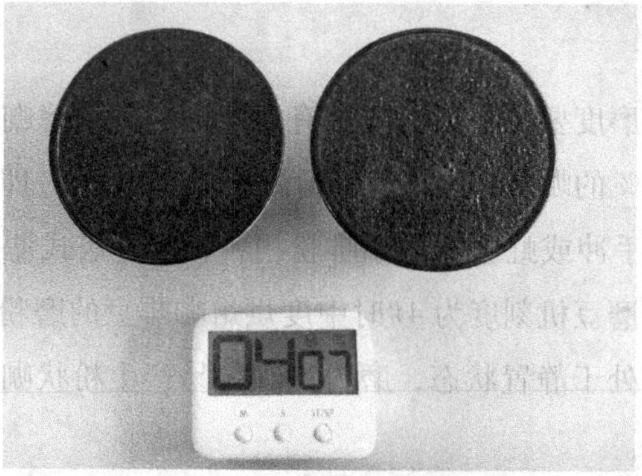

图 7 -3　杯测时应注意浸泡时间

6. 啜吸咖啡评测

杯测对环境的要求为：采用室内照明，明亮、舒适、干净、安静与无异味，不得有手机或电话响声，在场人员也不得使用香水和喷发胶，以免人工香精干扰杯测。

评测时，使用咖啡杯测专用汤匙，采用啜吸方式。咖啡杯测专用汤匙为圆形深底，容量 8 ~ 10 mL，方便啜吸评测，太尖太浅的汤匙不利于啜吸且让人容易呛到。杯测汤匙材质有不锈钢、镀铜与镀银等，也有纯银制咖啡汤匙（散热快）。

采用啜吸方式评测咖啡液比较实用，发出的声音和夸张的啜吸动作虽然有些不雅，但可以提高味觉与鼻后嗅觉的测味评香效率。因为人在啜吸的同时也会吸入部分空气，使得咖啡液以雾状入口，让水溶性的咖啡滋味物更均匀地分布在口腔及舌头的各区域，且咖啡里的气化成分也更容易释出，通过呼气从口腔进入鼻腔，加快评香鉴味的速度。

有时杯测需要评测数十甚至上百个样品，啜吸确实可提高测味评香的灵敏度和效率，但请不要在咖啡馆以夸张的啜吸动作喝咖啡，以免影响咖啡馆优雅的环境氛围。初学者应多练习、勤思考，掌握控制啜吸咖啡液的量和啜吸力度的方法，提高啜吸评测咖啡液的技巧和能力。

第三节　咖啡香气的品鉴

香气是令人感到愉快舒适的气息的总称，它是通过人们的嗅觉器官感觉到的。

一、 咖啡的香气

咖啡的香气包括：咖啡树香气（绿色植物青草香）、咖啡花香气（特有的咖啡花香气及蜜香）、咖啡青果香气（植物果实酵催作用香气）、咖啡红果香气（成熟植物果实香气）、咖啡生豆香气（植物种子清新香气）、咖啡熟豆香气（人为物理造香）。

咖啡花的寿命仅有 3 天左右，香气特殊，伴有蜜甜韵。在春意盎然、风和日丽的春天，花谢后很快就长出绿色的小果；如咖啡树开花当天遇到下雨就很难长出绿色小果但两周后又会长出新的花蕾，开启又一次开花结果进程。

咖啡树开花时间短，但挂果时间长。在气温不够高的地方，咖啡果成熟慢，会出现果实还未完全成熟又开花的情况，一年四季花香果香交替出现。在赤道附近气温高的地区种植的咖啡树一年可以开花结果 2 次以上，是研究开发天然香料潜力极高的植物。

新鲜咖啡生豆有明显的清新香气及成熟植物果实香，经烘焙后变成具有复杂芳香气味的咖啡熟豆（咖啡豆经历了一段“反自然”的烘焙历程）。咖啡研究者从咖啡中分离出超过850种化合物，其中1/3属于芳香物，所以咖啡的丰富度远胜红酒、香草、巧克力、杏仁和可可等，堪称人类最香醇的饮品。

咖啡的评香非常复杂且极具挑战性，同一咖啡品种的咖啡生豆成熟后，果实香气会因生长环境的不同有差别。成熟度（绿色或浅红色咖啡新鲜果、深红色咖啡新鲜果、黑色咖啡新鲜果或咖啡干果）不同的咖啡生豆香气也有差别。未完全成熟的咖啡生豆果实香气淡薄，完全成熟的咖啡生豆果实香气厚实、冲击力强，过度成熟的咖啡生豆（黑色咖啡新鲜果或咖啡干果）果实香气平淡或有杂味（木质味、酸腐味、酒味等）。同一品种同一批次的咖啡生豆样品，经过不同烘焙度（浅烘焙、中烘焙、深烘焙）、不同烘焙模式（同一烘焙度但不同的烘焙速度）烘焙而得的咖啡熟豆香气亦不同，从而造成咖啡香气的复杂多变，使之极具研究开发价值。

除了咖啡种子可以被加工成咖啡豆外，咖啡花与咖啡果也因其独特的香气得到了妙用。咖啡花的花瓣凋谢脱落后，咖啡种植户会将它们收集起来，在阳光下晾晒，让花瓣快速脱水变成金黄色。金黄色干花瓣含有咖啡花特有的奶香味，用不高于90℃的开水冲泡，适当添加蜂蜜和干红枣片，可制成具有特殊咖啡花香的美味咖啡花花果茶。咖啡生豆质量仅占咖啡鲜果的20%，咖啡鲜果的果肉中含有丰富的维生素C和少量的咖啡因等物质。咖啡种植户将咖啡豆脱除的果肉及果皮放在太阳光照射下快速脱水晾干（图7－4），用高于93℃的开水冲泡，适当添加冰糖和干红枣片，可制成具有咖啡果肉香味、提神醒脑的咖啡果果皮茶。

二、 烘焙咖啡豆的香气

咖啡豆的烘焙一般用时8～15 min，分为浅烘焙、中烘焙和深烘焙。

浅、中、深烘焙的咖啡对应的气味谱可总结为图7－5。

浅烘焙气味谱：浅烘焙形成的芳香物以低分子量化合物居多，香气与滋味很容易辨识，以花果酸香和草本、肉桂、豆蔻、谷物、坚果、烤面包香味为主。这类化合物质量最轻，所以挥发性最高，对于优质高密度的咖啡豆尤其明显。咖啡的花果酸香与生俱来，是“酵催作用”的产物，至于谷物与烤面包味则是烘焙过程中美拉德反应初期的气味。当咖啡豆烘焙到165℃左右时，咖啡豆脱水，颜色变微黄色，谷物与烤面包味非常突出；咖啡豆烘焙到195℃左右时，咖啡豆开始爆裂（第一爆），释放出强烈的坚果芳香及淡淡的蜜糖香。

中烘焙气味谱：中烘焙形成的芳香物质中以中分子量化合物居多，这类化合物质量相对稍高、有中度挥发性，以呋喃化合物与吡嗪化合物为主，也有上扬入鼻腔的特性，是烘焙过程中焦糖化反应和美拉德反应的中期产物。芳香物以焦糖、奶油、巧克力为主韵，虽然中烘焙豆仍有酸香味、坚果与烤面包味，但明显弱于浅烘焙豆的味韵。完美中烘焙的咖啡熟豆经 2～3 天的熟成养豆后，将鼻子靠近咖啡豆样品评测香气，可以感受到强劲的焦糖、奶油和巧克力味韵。

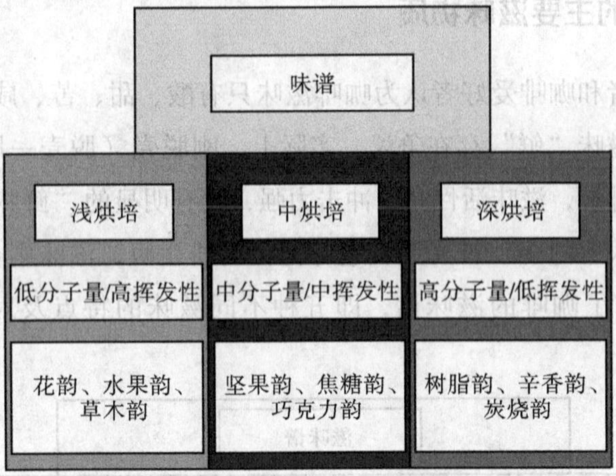

图 7－5　咖啡气味谱

深烘焙气味谱：深烘焙形成的芳香物质为高分子量化合物，这类化合物质量相对更高、挥发性低，几乎无酸香味，是咖啡烘焙第二爆结束后的产物，以硫醇、树脂、焦油类和酚类化合物为主。深烘焙豆也有闷闷的上扬香气特性，主调可归纳为松脂、酒气、焦香、呛香、干苦味。深烘焙的咖啡豆没有酸香味的活性，香气上扬力微弱，但气味厚实，辛香韵及焦苦韵冲击力强劲。

三、咖啡地域香气

人们通常所说的“咖啡香气”一般指咖啡熟豆散发出来的芳香物质。因为很多咖啡爱好者或咖啡研究人员不一定会接触咖啡的种植和咖啡生豆的初加工、储存及运输过程，也很少参与咖啡豆烘焙工厂的仓储及咖啡豆烘焙流程，更多人是在研磨咖啡熟豆和制作咖啡时品鉴咖啡香气及咖啡滋味。但是，在深入了解后就会发现，咖啡香气贯穿整个咖啡豆生长周期及咖啡加工流程；也就是精品咖啡概念中提到的咖啡地域香气：春天里雪白清雅的咖啡花散发出柔和的奶油香、蜜糖香，咖啡鲜果生长过程中也伴着青草味及青涩果味，咖啡鲜果由绿色变成红色的过程中伴随“酵催作用”产生催熟果实的香气，咖啡生豆脱除果壳后散发植物种子特有的果实香气。

如今，我国云南省种植的咖啡也有了自身独特的地域香气：卡蒂姆咖啡生豆豆粒大、密度稍低、风味香醇可口，黄波旁咖啡生豆豆粒圆润、密度高、风味蜜香厚实。

第四节　咖啡的滋味品鉴

一、 咖啡中的主要滋味物质

许多咖啡研究者和咖啡爱好者认为咖啡滋味只有酸、甜、苦、咸四种水溶性滋味，而对咖啡的第五种滋味“鲜”存在争议。实际上，刚脱壳（脱壳一周内）的咖啡生豆经烘焙后制成的咖啡液，滋味活性高、冲击力强，具有明显的“鲜味”。而经过长时间储存或储存不当（失水过多、被光照变色等）的咖啡生豆，滋味则会寡淡无味、无冲击力。图 7 - 6 总结了咖啡的滋味谱，即五种不同滋味的特点及对应的豆种或加工方法。

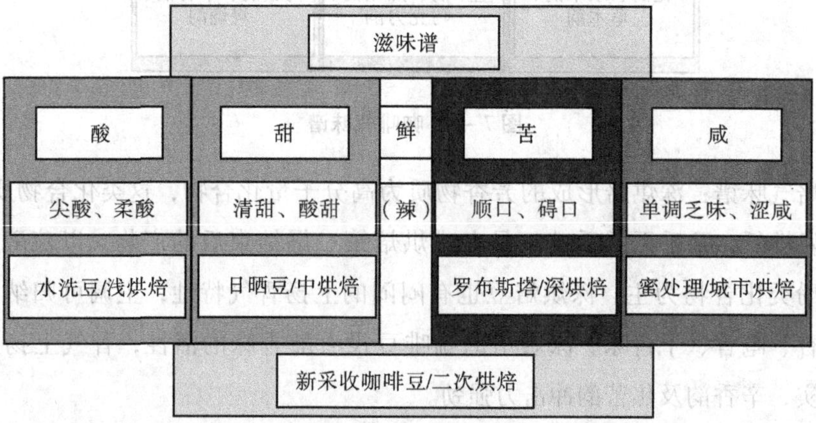

图 7 - 6　咖啡的滋味谱

在咖啡的“酸、甜、苦、咸”滋味中，有些酸味和甜味芳香物具有挥发性，除了通过味觉辨识外，还可以靠嗅觉加以辨识；有些则无挥发性，只能靠味觉辨识。苦味和咸味一般无挥发性，用鼻子闻不到，只能靠味觉来辨识。

烘焙好的咖啡熟豆中一般有 70% ~72% 是不溶或难溶于水的纤维素等物质，水溶性滋味成分仅占熟豆重量的 28% ~30% ，各类滋味物质的大致含量如表 7 - 4 所示（不包含部分未明确检测到的成分）。

表 7-4　咖啡液中的滋味物质含量

滋味	化合物	在可溶物中的质量分数/%
甜味	焦糖	35
	氨基酸（蛋白质）	4
咸味	钾（以氧化钾计）	8.4
	磷酸酐	2.1
	钙（以氧化钙计）	2.1
	镁（以氧化镁计）	0.5
	钠（以氧化钠计）	0.5
	其他氧化物	0.4
酸味	咖啡酸（绿原酸降解物）	1.4
	柠檬酸	≤1.0
	苹果酸	≤1.0
	酒石酸（葡萄酸）	≤1.0
	醋酸（挥发性有机酸）	≤1.0
苦味	咖啡因（植物碱）	3.5
	葫芦巴碱	3.5
	奎宁酸（绿原酸降解物）	1.4
	绿原酸（酚酸）	13.0
	酚类化合物（多酚）	5.0

咖啡是滋味多变、营养丰富的饮品，每个人品饮的嗜好都不一样。年轻女孩大多喜欢尖酸活跃的口感，成熟女士大多喜欢柔和顺滑的韵味，男士则大多偏重香醇、厚实的滋味。

二、咖啡生豆和咖啡熟豆的滋味成分对比

咖啡豆在烘焙过程中会发生复杂的分解和聚合反应，各种滋味成分的含量在烘焙前后会有明显的差异（见表7-5）。咖啡生豆含有各种有机酸，酚酸、脂肪族酸和氨基酸等是浅烘焙咖啡主要滋味物质，明亮的果酸味是浅烘焙追求的主要特色。随着烘焙温度的升高，有机酸降解，咖啡酸味降低。进入中度烘焙后，有机酸会急速降解，酸味渐渐消失。进入咖啡豆烘焙第二爆后，深烘焙使咖啡豆细胞纤维断裂，养豆 1 天后

可见咖啡熟豆表面出现油脂，咖啡呈现香醇、炭烧味。

表 7－5　咖啡豆烘焙前后部分成分变化表

滋味物质	在咖啡豆中的质量分数/%	
	生豆	熟豆
甲酸	微量	0.06～0.15
醋酸	0.015	0.25～0.34
乳酸	微量	0.02～0.03
柠檬酸	0.7～1.4	0.3～1.1
苹果酸	0.3～0.7	0.1～0.4
奎宁酸与奎宁内酯	0.3～0.5	0.5～1.2

因为不同的烘焙度对应不同的咖啡风味，根据咖啡生豆内含物质的特性可以选择相应的烘焙工艺，寻找咖啡豆的最佳风味特点，制作风味丰富的咖啡，以供给不同口味和需求的咖啡消费人群。

产自海拔 1430 m 以上、无污染、湿度大的雨林地区的咖啡生豆（铁皮卡、黄波旁、帕卡马拉及卡蒂姆种咖啡豆）中，蔗糖占豆重高达 8%～9%（质量分数，下同），适合采用浅烘焙度 203～205℃工艺，完成大部分焦糖化反应，让咖啡豆所含蔗糖转化成突显奶油味的芳香物，而有机酸（绿原酸、苹果酸、柠檬酸等）只有少部分降解，所制成的咖啡营养丰富，具有强抗氧化性，酸甜可口，花香和果香突出。

产自海拔 1430 m 以下、虫害严重地区的咖啡生豆（卡蒂姆及帕卡马拉咖啡豆）中，绿原酸占豆重达 6%～8%，适合采用中烘焙度 210～213℃工艺。咖啡豆烘焙进入第二爆进程，60% 以上绿原酸降解成具有酸香味的奎宁酸和咖啡酸，所制成的咖啡营养丰富、醇厚浓香、酸甜平衡、坚果香韵味流长。

产自阳光照射强烈、海拔 1000 m 以下地区的咖啡生豆（罗布斯塔及卡蒂姆咖啡豆），蔗糖占豆重低于 7%，采用深烘焙度 218～221℃工艺。咖啡豆烘焙进入第二爆进程后继续加温烘焙，80% 以上的绿原酸降解成具有酸香味的奎宁酸和咖啡酸后，咖啡酸继续快速降解成苯酚、苯二酚、儿茶酚等芳香物质，所制成的咖啡营养丰富、醇厚浓香、无酸味，适合用于制作可减缓脑细胞退化的功能性咖啡饮品。

第八章

咖啡饮品及其制作

第一节　花式咖啡制作

一、意式咖啡

意式咖啡是由意大利人发明的，深受咖啡爱好者喜欢的一类咖啡饮品。

意式浓缩咖啡：由咖啡机泵出压力达到 9 bar① 左右的混合蒸汽的热水，穿过填压均匀的极细研磨咖啡粉而快速获取的浓稠绵密的咖啡液体，即为在咖啡馆菜单中常见的意式浓缩咖啡。一杯标准的单份意式浓缩咖啡液体量为 30 mL。

意式咖啡：以意式浓缩咖啡为基底，配合牛奶、奶沫、巧克力、冰激凌等进行配搭组合，可以制作成大家常喝的拿铁、卡布奇诺、玛奇朵、摩卡等各种意式风味的咖啡饮品，这些饮品统称为意式咖啡。所以，意式咖啡是一个系统称谓，是一类以蒸汽压力咖啡机（含全自动咖啡机及半自动咖啡机）快速萃取出来的浓缩咖啡为基底而制作的创意咖啡饮品。

意式咖啡机是利用高压热水快速冲泡的方法萃取咖啡，内部有一个热水炉，热水炉的中间有一个热交换器，进入咖啡机的冷水经热交换器快速加热后，冲过“手柄咖啡过滤器”中的咖啡粉，就做成了一杯意式浓缩咖啡。高温（88℃左右）、高压（约 0.9 MPa）以及高粉水比（约为 1∶2）是意式咖啡机冲泡的基本特征。不同的意式咖啡机通常会有不同的冲煮头温度和不同的冲煮头压力。意式咖啡的特点在于浓缩咖啡液具有高浓度下的高醇厚度，再加上牛奶加热打发会独具风味，好的意式咖啡一定是咖啡和牛奶均匀融合的味道。

意式浓缩咖啡（espresso）是意式咖啡的精髓，其特征是利用蒸汽压力，瞬间将咖啡液萃出。所有的牛奶咖啡或花式咖啡都是以 espresso 为基础制作出来的，所以 espre-

① 1 bar = 100 000 Pa = 0.1 MPa，9 bar = 0.9 MPa，bar 为咖啡机参数设置中常用压强单位，在本章中不再一一换算。

sso 是检验一杯咖啡品质好坏的关键。在意大利咖啡馆里，喝 espresso 不需要很特别的环境，有时候甚至不需要桌子。很多人都喜欢站在吧台边，看着咖啡师优美流畅地制作一杯 espresso，端过来用几秒钟就把它一口饮尽。更有趣的是，很多意大利人或法国人在早餐时一口饮尽浓缩咖啡后，还会撕一小块手中的面包，将残留在杯中的咖啡液擦干净，再满足地填入口中，然后迅速离开，才开始一天的工作或生活。

图 8－1 为意式半自动咖啡机和意式咖啡。意式咖啡具有极强的技能特征和艺术特性，通过努力学习和操作训练，咖啡师或咖啡爱好者可尽情将美好的构图及设想在意式咖啡饮品中展示。

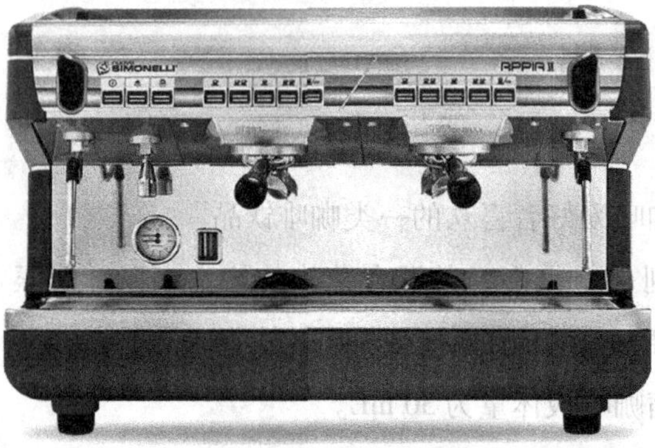

图 8－1　意式半自动咖啡机和意式咖啡

二、花式咖啡饮品

用来做意式浓缩咖啡的咖啡豆分两种。一种是拼配豆，即由两种或两种以上不同品种的咖啡豆混合在一起的咖啡豆，称为意式拼配豆（espresso blend）。另一种是单品豆，即单一产地、单一品种的咖啡豆，单品豆做出来的意式浓缩咖啡我们称之为 SOE（single origin espresso）。SOE 的豆子通常对风味要求比较高，且烘焙度与用来做单品手冲咖啡的不一样，一般来说，风味辨识度高、口感较平衡、醇厚度较好的豆子较适合。

以下介绍花式咖啡饮品的做法。

1．主流花式咖啡饮品一：意式浓缩咖啡、美式咖啡和拿铁咖啡（图 8－2）

1）意式浓缩咖啡（espresso）

以高温但未沸腾的热水，借由高压冲过研磨得极细的咖啡粉末而得，口感浓烈且酸苦平衡。做法：

（1）准备深度烘焙咖啡豆单份（7～9 g）或双份（14～18 g）；

（2）将咖啡豆研磨成极细粉末；

（3）在冲煮手柄中布粉并压实；

图 8－2　意式浓缩咖啡、美式咖啡、拿铁咖啡的组成

（4）使用意式半自动咖啡机，利用（9 ±1）bar 及（88 ±2）℃的热水在（25 ±5）s 的时间内萃取 30 mL（单份）或 60 mL（双份）左右的浓缩咖啡液（计量含油脂）。

2）美式咖啡（americano）

美式咖啡是将热水冲入意式浓缩咖啡中，以稀释浓缩咖啡强烈刺激的口感并获得一款口味偏淡的接近美国人口味的黑咖啡。做法：

（1）准备深度烘焙咖啡豆单份（7 ~9 g）或双份（14 ~18 g）；

（2）将咖啡豆研磨成极细粉末；

（3）在冲煮手柄中布粉并压实；

（4）使用意式半自动咖啡机，利用（9 ±1）bar 及（88 ±2）℃的热水在（25 ±5）s 的时间内萃取 30 mL（单份）或 60 mL（双份）左右的浓缩咖啡液（计量含油脂）；

（5）在萃取好的咖啡液中加入适量的热水（可根据口味轻重调整水量），以稀释意式浓缩。

3）拿铁咖啡（latte）

拿铁咖啡由意式浓缩咖啡混合大量热牛奶而得，顶部为约 1 cm 厚的发泡牛奶，是一种奶味较充足的咖啡饮料。做法：

（1）准备深度烘焙咖啡豆单份（7 ~9 g）或双份（14 ~18 g），牛奶 110 ~220 mL（经过 6℃环境冷藏）；

（2）将咖啡豆研磨成极细粉末；

（3）在冲煮手柄中布粉并压实；

（4）使用意式半自动咖啡机，利用（9 ±1）bar 及（88 ±2）℃的热水在（25 ±5）s 的时间内萃取 30 mL（单份）或 60 mL（双份）左右的浓缩咖啡液（计量含油脂）；

（5）取 110 ~220 mL 的冰牛奶，使用意式咖啡机的蒸汽棒打发牛奶并加热，制成 65℃左右的牛奶及奶泡混合体；

（6）将打发好的牛奶及奶泡与萃取好的浓缩咖啡进行充分融合。

2. 主流花式咖啡饮品二：卡布奇诺、摩卡和澳白（图 8－3）

（a）卡布奇诺　　（b）摩卡　　（c）澳白

图 8－3　卡布奇诺咖啡、摩卡咖啡、澳白咖啡的组成

1）卡布奇诺（cappuccino）

卡布奇诺也是由意式浓缩咖啡混合大量热牛奶而得，顶部为约 2 cm 厚的发泡牛奶，是一种奶味更充足的咖啡饮料。做法：

（1）准备深度烘焙咖啡豆单份（7～9 g）或双份（14～18 g），牛奶 110～220 mL（经过 6℃环境冷藏）；

（2）将咖啡豆研磨成极细粉末；

（3）在冲煮手柄中布粉并压实；

（4）使用意式半自动咖啡机，利用（9±1）bar 及（88±2）℃的热水在（25±5）s 的时间内萃取 30 mL（单份）或 60 mL（双份）左右的浓缩咖啡液（计量含油脂）；

（5）取 110～220 mL 的冰牛奶，使用意式咖啡机的蒸汽棒打发牛奶并加热，制成 65℃左右的牛奶及奶泡混合体，比拿铁咖啡的奶泡量更多一点；

（6）将打发好的牛奶及奶泡与萃取好的浓缩咖啡进行充分融合。

2）摩卡（mocha）

摩卡是添加了巧克力的卡布奇诺，随着风味的改良也有由浓缩咖啡、巧克力酱、热牛奶和打发鲜奶油混合而成的。做法：

（1）准备深度烘焙咖啡豆单份（7～9 g）或双份（14～18 g），牛奶 110～220 mL（经过 6℃环境冷藏），适量鲜奶油及适量巧克力酱；

（2）将咖啡豆研磨成极细粉末；

（3）在冲煮手柄中布粉并压实；

（4）在杯中添加适量巧克力酱，再进行咖啡萃取；

（5）使用意式半自动咖啡机，利用（9±1）bar 及（88±2）℃的热水在（25±5）s 的时间内萃取 30 mL（单份）或 60 mL（双份）左右的浓缩咖啡液（计量含油脂）；

（6）取110～220 mL的冰牛奶，使用意式咖啡机的蒸汽棒打发牛奶并加热，制成65℃左右的牛奶及奶泡混合体；

（7）将打发好的牛奶及奶泡与萃取好的浓缩咖啡进行充分融合，然后在顶部挤上打发鲜奶油（俗称：裱花）。

3）澳白（flat white）

澳白是意式浓缩咖啡混合少量热牛奶，顶部泡沫厚度不超过0.5 cm，是一种口感厚实的奶制咖啡饮料。做法：

（1）准备深度烘焙咖啡豆单份（7～9 g）或双份（14～18 g），牛奶110～220 mL（经过6℃环境冷藏）；

（2）将咖啡豆研磨成极细粉末；

（3）在冲煮手柄中布粉并压实；

（4）使用意式半自动咖啡机，利用（9±1）bar及（88±2）℃的热水在（25±5）s的时间内萃取30 mL（单份）或60 mL（双份）左右的浓缩咖啡液（计量含油脂）；

（5）使用意式咖啡机的蒸汽棒加热牛奶，尽量不要打出奶沫，加热到65℃左右即可；

（6）将牛奶与萃取好的浓缩咖啡进行充分融合，在充分融合的前提下，保持咖啡顶部有一层非常平坦的微泡沫。

三、全自动咖啡机制作咖啡

用全自动咖啡机制作意式咖啡不但方便快捷，而且出品稳定。随着咖啡需求日益增长，全自动咖啡机在办公环境中普遍使用，有些家庭也会购入以提升生活品质，酒店和商超也有配置，为人们品尝咖啡带来了很多的便利。

目前市场上全自动咖啡机的品牌和类型皆有很多，有进口的，也有国产的，品质稳定、性能可靠。德龙（DeLonghi）、福腾宝（WMF）和咖乐美（Kalerm）是其中有代表性的咖啡机品牌（图8－4）。

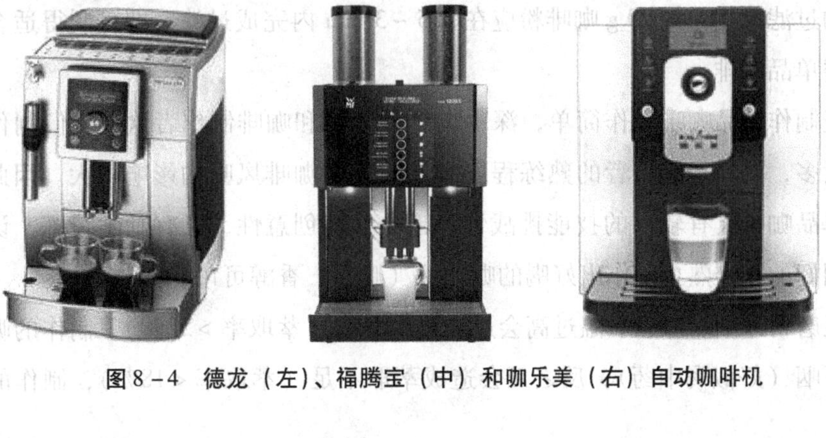

图8－4　德龙（左）、福腾宝（中）和咖乐美（右）自动咖啡机

德龙全自动咖啡机是意大利的公司生产的。德龙品牌起源于20世纪初，并于1974年开始规模化制造家用电器。

福腾宝是德国知名家居用品品牌，1854年7月在盖斯林根成立，1880年推出第一台WMF咖啡机，如今已成为全球知名品牌。

咖乐美为我国咖啡机品牌，公司自2010年开始扎根于苏州工业园区，是专注于现磨全自动咖啡机，集研发、生产、销售和服务为一体的企业，拥有自主专利146项，产品覆盖全球47个国家。G20峰会、跳水世界杯、世界游泳锦标赛、上合组织峰会、世博会等世界级赛事或活动中，均有咖乐美咖啡机的身影。咖乐美现已成为国内五星级酒店、连锁酒店、世界500强茶饮店、汽车4S店等各领域连锁行业中常用的全自动咖啡机品牌，获得中国CCC认证、欧盟的强制性CE认证、北美认可的ETL认证、德国GS认证等。

全自动咖啡机的推广和使用大大地满足了我国的咖啡消费需求，促进了咖啡产业的发展。

第二节　主要单品咖啡及其制作方法

一、手冲壶制作单品咖啡

手冲壶其实就是第六章中介绍的滴漏式手工萃取方法所用的细嘴水壶，因此手工制作的滴漏式咖啡又常被称为手冲咖啡。手冲壶制作单品咖啡（图8－5）所需主要器具有：咖啡专用电子秤、磨豆机、咖啡勺、滤杯、滤纸、咖啡手冲壶、温度计、计时器、分享壶。一般参照SCAA金杯标准［粉水比1：(13～18)，萃取率18%～22%］进行手冲制作单品咖啡，注意调整磨豆机刀片间隙使咖啡豆磨成粉的粒度适中并控制冲煮过程的过滤速度，如20 g咖啡粉应在2.5～3 min内完成过滤，即可制得适合大众口味的现磨单品咖啡。

手冲壶制作单品咖啡操作简单，深受咖啡爱好者和咖啡制作者欢迎，但制作过程中影响因素多，尤其是操作者的熟练程度和专注度对咖啡风味的影响极大。因此，手冲壶制作单品咖啡具有较高的技能挑战性、趣味性和创意性，只有勤学苦练、认真制作，才能用好的咖啡熟豆制作出好喝的咖啡液（顺滑、香醇可口）。

咖啡豆磨粉过细、冲煮水温过高会造成过度萃取（萃取率>22%），制作的咖啡液苦涩难以下咽（好似喝中药）；反之又会造成萃取不足（萃取率<18%），制作的咖啡

（a）手冲壶制作单品咖啡

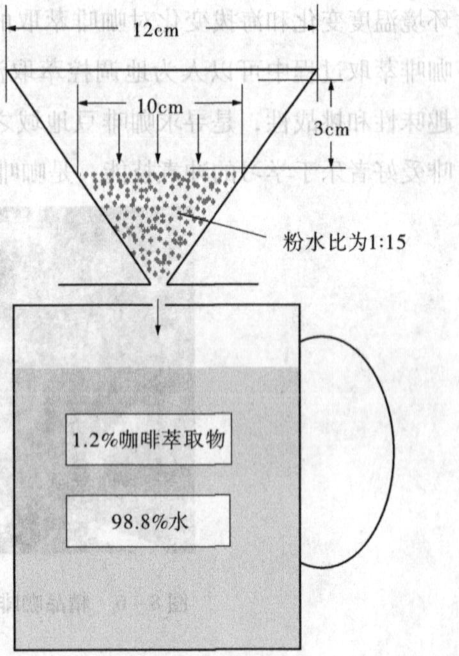

（b）示意图

图 8－5　手冲壶制作单品咖啡

液寡淡无味。

手冲壶制作咖啡的重要步骤之一是加开水闷蒸 30 s 左右，目的是使咖啡粉粒纤维细胞吸水润胀及咖啡粒内二氧化碳气体吸热膨胀并排出。要求加入的开水量刚好被咖啡粉粒充分吸收，又不会过剩或快速流出咖啡粉粒层（操作者需要多次练习加水技巧才能熟练完成）。

加入开水的冲击力可使咖啡粉在滤杯中翻滚转动，均匀溶出风味物质。通过控制加入开水的速度，可以控制咖啡粉在滤杯中的溶出浓度，同时控制咖啡萃取的总时长。

手冲咖啡的制作要求操作者苦练冲水技巧和积累冲煮咖啡经验，冲煮咖啡前根据咖啡熟豆的特点制定冲煮方案（磨粉粒度、咖啡粉与开水的比例、冲煮用水及水温、萃取时间等），专注于冲煮过程，制作具有所需风味的咖啡液。

二、 虹吸壶制作单品咖啡

虹吸壶制作单品咖啡（图 8－6）所需的主要器具有：咖啡专用电子秤、磨豆机、咖啡勺、虹吸壶上壶、虹吸壶下壶、过滤器（金属或陶瓷）、滤布（或滤纸）、搅拌棒、瓦斯炉（或酒精灯、加热炉）、温度计、计时器、分享壶。

虹吸壶制作单品咖啡的过程中可通过调节火力控制或稳定咖啡萃取温度，减少因环境温度变化和海拔变化对咖啡萃取的影响。与手冲壶制作单品咖啡相比，虹吸壶在咖啡萃取过程中可以人为地调控萃取温度。虹吸壶制作单品咖啡具有很高的观赏性、趣味性和挑战性，是寻求咖啡豆地域之味和咖啡豆固有品种风味的有效方法，也是咖啡爱好者乐于学习的冲煮技能，是咖啡研究者常用的咖啡制作方法。

图 8－6　精品咖啡店里常用虹吸壶制作单品咖啡

虹吸壶（vacuum pot），又称赛风壶（siphon pot），冲煮的咖啡味谱厚实。虹吸壶冲煮咖啡的历史较手冲壶制作咖啡早 70 多年。

1830—1840 年，德国柏林的洛夫（Loff）最先发明玻璃材质、上下双壶的虹吸壶咖啡萃取方法，之后经德国、法国、英国等国的咖啡爱好者不断改进，兴起了盛极一时虹吸壶咖啡萃取风潮。

1960 年后，美国人发明的电动滴滤壶因冲煮咖啡更加方便快捷，在经济快速发展的年代更适合人们对咖啡的消费需求，逐步取代了欧美虹吸壶制作咖啡和手冲壶制作咖啡。而追求精致的日本人一直迷恋虹吸壶和手冲壶制作咖啡，并不断改进完善，现在流行的大部分手冲壶和虹吸壶冲煮咖啡器具都有日本人改进完善的元素。

2007 年后，随着“第三波”咖啡消费潮流（精品咖啡）的到来，由于人们开始追求和探究高品质咖啡，手冲壶制作咖啡和虹吸壶制作咖啡再次受到咖啡爱好者的追捧，冲煮器具、冲煮技术都有了极大的改进和完善，促进了咖啡消费在世界各地的快速发展、咖啡文化的传播和创新发展。

虹吸壶冲煮咖啡的特征是在冲煮过程中不断加热，萃取温度可人为地调整控制，方便咖啡研究者调整冲煮工艺参数、快速获取冲煮温度对咖啡萃取的影响数据。

与 SCAA“金杯标准”相对应的冲煮参数为：一般磨豆机磨粉细度调至 3.5 ±0.5 刻度（可根据冲煮咖啡要求调整），咖啡粉与水的比例为 1∶(11 ~15)，冲煮时间为 45 ~65 s。

浅烘焙咖啡豆经过第一爆后仅从胚芽线处爆裂，咖啡豆质纤维细胞未破裂，细胞壁完整，不利于风味物质溶出，所以磨粉均匀偏细可使风味物质加快溶出；深烘焙咖啡豆经过第二爆后，咖啡豆质纤维细胞破裂，细胞壁酥松，部分咖啡油脂已渗出到咖啡豆表面，所以磨粉均匀稍粗可减少大分子苦涩物质溶出而影响口感。

虹吸壶冲煮咖啡时间短，要求操作熟练及计时精确，使得冲煮过程和咖啡风味的获取存在挑战性、趣味性。影响咖啡风味物质溶出的因素很多，有些咖啡师善于利用这些因素，大胆打破现有的咖啡冲煮和品饮习惯，如将深烘焙咖啡豆磨成细粉，冲煮时间超过 70 s 甚至更长，萃取浓香醇厚的黑咖啡，再将黑咖啡与甘蔗汁、菠萝汁、椰子汁等进行适当调配，制作成香醇可口的咖啡饮品。

第九章

咖啡在中国的发展

和世界咖啡历史相比，人们在中华大地上种植咖啡树的历程并不长，在中国注册经营的咖啡企业经营时间也不长，但从咖啡种植到咖啡商品的每一个产业流程上，中国都创造了不俗的成绩，有了自身的发展特色。尤其在近年来，相关单位和机构多次举办国际咖啡赛事及国际咖啡学术会议，与来自世界各地的咖啡爱好者分享中国种植的咖啡豆，品赏我们制作的咖啡饮品或咖啡产品，同时也促进了我国咖啡技术的进步。

第一节　咖啡在中国的引进和传播

咖啡最初作为饮品传入中国时，是在新派人物聚集的上海。1843 年上海开埠后，随着外国租界的设立，外国人把西方的生活方式带到了上海。上海的咖啡馆最初服务的对象是外国人，但随着西方文化逐渐被当地人接受，喝咖啡也成为上海部分市民的一种生活方式。咖啡馆一方面承袭了西方的理念，一方面又适应着上海特色，成为城市的一道风景，还成了市民休闲娱乐、聚会社交、商贸洽谈的场所。

最早制作和品饮咖啡的地方还有广州、云南蒙自、大连、哈尔滨等。宣统元年(1909 年)，在上海的美国传教士高第丕的夫人出版了中国最早的西餐烹饪书《造洋饭书》，这本书是为来华的外国人吃西餐和培训中国炊事员、厨师而编写的。书中除了把 coffee 音译成"磕肥"之外，还讲授了制作、烧煮咖啡的方法："猛火烘磕肥，勤铲动，勿令其焦黑。烘好趁热加奶油一点，装于有盖之瓶内盖好，要用时现轧"。

建于 1901—1910 年[1]的滇越铁路是中国最早修筑的铁路之一，也是中国最长的一条轨距为 1 米的米轨铁路，1910 年 4 月 1 日全线建成通车，至今仍在运行。相传当时为满足建设铁路的法国工程师和管理人员的工作及生活需求，在云南蒙自建有法式咖啡馆和网球场。

咖啡在中国的引进与传播难以找到完整的记录资料，仅通过民间口述整理及零散

[1] 越（越南）段于 1901 年开工，1903 年竣工通车；滇（云南）段于 1903 年开工，1910 年竣工通车。

的文字记录、图片评测推算难以完善，但借助相关人士的评述记录，可以更真实地再现咖啡在中国的引进和传播历程。

一、 台湾的咖啡引入与发展

1884 年，英国茶商自菲律宾马尼拉输入引种咖啡树苗木 100 多株，次年又输入种子在台北县（现新北市）开始种植。据史料记载，当时因运送路途遥远且对树的处理及照顾不佳，种植后咖啡树大都没有顺利成长，仅成活了 10 株。1901 年，日本人引进印度尼西亚爪哇咖啡品种，在台湾垦丁国家公园试种成功。1904 年，台湾咖啡早期引种部分首次获得了好收成，后从业者又引进更多咖啡品种，并进一步将咖啡引种推广到台东、花莲与高雄等地区。1928 年，台湾的咖啡首次销往日本，其品质获得日本市场的普遍肯定和好评，于是台湾咖啡种植的面积越来越大并开始产业化经营。1942 年，台湾岛咖啡的种植面积已达 1000 多公顷，这是全台湾种植咖啡的全盛时期。

最初台湾引种的咖啡品种主要是阿拉比卡，后又引种乌干达、印度尼西亚的罗伯斯塔种，这种品种耐高温、抗病虫，比较适合台湾低地栽培。

第二次世界大战后，日本战败撤离台湾，由于市场尚未形成及人工成本高昂等因素，经济农场逐渐放弃种植，台湾咖啡产业也一度没落。近年来，随着人们休闲品味的改变，咖啡需求量大增，本土咖啡预期将成为台湾的新兴农业。此外，从业者在商品、服务与业态方面的创新也带动了台湾咖啡产业的发展。

阿里山地区种植的咖啡生豆曾参加国际咖啡生豆评比大赛并取得喜人的成绩，台湾地区咖啡从业人员和咖啡爱好者的技术水平走在世界前列，促进了中国咖啡产业的进步和发展。

二、 海南的咖啡引入和发展

关于我国海南岛引种咖啡的年代，在许多地方志、农垦志、农业史等各种书刊中都记述为 1908 年。据有关专家考证，在海南省文昌市南阳镇石人坡村的咖啡树，由生于 1880 年的邝世连先生栽种。这些咖啡树至今依然生机盎然，22 棵古咖啡树枝叶茂盛，有 3 棵咖啡树高 12 m 以上、树干周长 22 cm，咖啡树叶长 32 cm、叶宽 13 cm，咖啡鲜果长 2. 3 cm、直径 1. 8 cm，系利比里亚大粒种。

1993 年出版的《广东省志 · 农垦志》第三章记载：“清光绪三十四年（1908 年）侨商曾汪源自马来西亚带回咖啡种子，在海南岛儋县拿大地区开荒种植约 15 万株，并利用木茨进行间作，作为荫蔽。”1956 年《广东省海南岛热带亚热带资源勘察资料汇集》第二章第五节记载：“咖啡在我国的栽培开始于 1884 年，当时引入台湾的台北县试种。海南岛则于1908年开始，当时有侨兴、琼安两公司从南洋引进种子在拿大和石壁附近试种，但因经营不善而失败。其后由马来西亚华侨引进大粒种（*C. liberica*）、中粒种（*C. robusta*）和小粒种（*C. arabica*）分别在文昌、澄迈、万宁、保亭和崖县等地种植。据1954年调查，全岛共有29万多株。”

三、 云南的咖啡引入与发展

云南省引进咖啡种植已有一百多年的历史了。当时的咖啡通过三种方式进入云南，分别是法国传教士带入咖啡树苗在大理朱苦拉村种植，德宏边民通过婚嫁将咖啡树作为田园观赏植物带入种植与修建滇越铁路的法国人引入种植。其中有据可查的是大理宾川县平川镇朱苦拉村咖啡，是由法国传教士田德能带进来种植在教堂旁的咖啡树，可查到的种植时间是1902年（平川镇志记述为1892年），种植品种为铁皮卡。除了朱苦拉村种植的咖啡树外，在普洱多地，如普洱澜沧县东河乡也有树龄超过100年的老咖啡。在滇越铁路沿线，从边境河口县到开远市都有当年修建铁路时带进来的咖啡树所繁衍的后代，至今仍作为绿化观赏树栽种在民居庭院或公园里，也是铁皮卡及波旁品种，在蒙自地区还有当年法国人设计建造的咖啡馆和网球场。

云南第一次规模化种植咖啡是1960年前后，当时为了向苏联等东欧国家出口咖啡豆，由云南农垦种植咖啡，产品由国家外贸部门收购。当时的咖啡种植分布在几个农垦农场：保山潞江农场、新城青年农场、德宏遮放农场、瑞丽农场、畹町农场、文山八布农场、天保农场等，品种就是本地繁衍的铁皮卡及波旁变种，整个农垦系统咖啡种植面积已达5万亩。后来，由于国际形势变化等因素，外贸部门不再积极收购咖啡豆，同时咖啡树感染锈病造成大规模死亡，当地为了避免锈病的疯狂传播而砍伐了大片咖啡树，咖啡树种植面积一度萎缩，剩下不到3千亩。

第二次规模化种植是在1980年代，雀巢（东美）公司和思茅行署（即现在的普洱市政府）签订合作开发咖啡种植协议，并成立了雀巢公司驻云南农艺部，帮助当地农户和企业种植咖啡，规划总面积达数万亩，但由于短期种植速度过快、技术普及不足，经济成效慢，最终也不到三万亩。

第三次规模化种植是2000年后，经济快速发展、咖啡市场需求旺盛，云南省政府利用云南得天独厚的生物资源进行可持续经济发展，成立了专门的省政府“生物资源产业持续开发办公室”，将咖啡种植作为首批开发项目之一，支持和领导发展咖啡产业。同时，雀巢的技术支持做出了稳步推进的改进，普洱咖啡种植面积从那个时候开始出现了逐年扩大的势头，并带动西双版纳州、临沧市部分地区的咖啡种植。到2018/2019年度咖啡采收季，云南种植咖啡近200万亩，产量从几千吨上升到十几万吨。

由于早期种植选用的铁皮卡、波旁变种出现过大规模锈病感染灾害，后期的咖啡种植中，无论是雀巢公司还是云南农垦都改为推广使用高产耐锈病的卡蒂姆（Catimor）P系列品种。现在云南产区超过90%种植的都是卡蒂姆。然而，作为一个有规模发展前景的产区，品种单一会制约整个咖啡产业的发展，因此多年来咖啡研究者及相关单位在努力引进和改良优化咖啡品种，促进咖啡豆品质的提高和咖啡的普及传播。

第二节　中国的咖啡产业

一、咖啡的种植与初加工

目前中国生产的咖啡生豆90%以上产自云南省。据相关政府部门统计数据显示，2018年底云南咖啡种植面积已达180万亩以上，云南省普洱市、临沧市、德宏州、保山市为咖啡主产区，云南省文山州、海南省、四川省攀枝花市、西藏墨脱地区、贵州省兴义县等也有种植，近45万农户从事咖啡种植及初加工。

从20世纪80年代末开始，雀巢公司在云南看到了咖啡生产的优质环境潜力，借助政府招商引资规划，在当地投入了资金和技术，进行咖啡发展布局，并于1992年开始收购普洱咖啡生豆，从1994年开始为当地咖啡庄园提供技术援助。雀巢还在普洱创办了一个实验示范咖啡庄园，并建造了雀巢咖啡中心。星巴克也在云南咖啡种植区进行了投资，2012年在普洱开设了一个咖啡种植者支持中心，2017年推出了首款产自于中国单一产区的云南咖啡豆。

每年11月中旬到次年4月底是咖啡鲜果的采收季节。鲜果加工以水洗处理法为主，每年1月的云南天晴少雨，适合咖啡鲜果日晒加工处理，正值咖啡鲜果3次采收的中间批次，咖啡鲜果品质好，使得云南产日晒咖啡生豆以优异的品质被咖啡爱好者追捧。

每年4月底到6月底，咖啡种植者将分散处理好的咖啡带壳豆送到咖啡豆脱壳厂加工成咖啡米（咖啡生豆），加工好的咖啡生豆经过筛选、去除杂物或分级进行包装销售。雀巢公司、星巴克公司等在云南省普洱市木乃河工业园区都有收购点，多家咖啡商贸公司建有咖啡杯测室供收购方进行咖啡生豆的品质鉴定，云南咖啡生豆的加工和销售集散地初步形成。

目前，相对于世界咖啡种植面积，云南省的咖啡种植面积还不算大，总产量仅占全球的1.5%左右。云南全省2018/2019年度采收季咖啡生豆总量约为15万吨，在全球产量1032万吨/年的咖啡总量中占比很小。但是，云南咖啡豆的内陆型特点、优异的咖啡种植环境、独特的少数民族风情及中国巨大的咖啡消费潜力，吸引着世界咖啡人的极大关注。

二、云南咖啡生豆的市场

商业咖啡生豆占云南咖啡生豆总量的85%，高级商业咖啡生豆占10%，精品咖啡生豆仅为5%。据当地人介绍，商业咖啡生豆基本上不打分，杯测无瑕疵、无化学味、质检过关等就可以被收购。雀巢是商业咖啡生豆最大收购商，精品咖啡生豆则需要满足采摘全红果、晾晒方式、处理方式、风味及醇厚度等各个方面要求。

因起步晚，外界对其了解不多，云南精品咖啡生豆的价格不算高，多为30～60元/kg，部分日晒豆可卖到80元/kg或更高，精选铁皮卡水洗豆也有超过200元/kg的。一位当地庄园主评测，雀巢每年从云南收购大约1.7万吨咖啡生豆，约为星巴克的两倍。此外，美国卡夫食品、德国纽曼和丹麦伊卡姆等国际食品公司也借助云南本地大大小小的供应商，成为收购云南咖啡的主力之一。但是，据云南省农业厅2018年6月发布的《咖啡产业三年行动计划（2018—2020年）》显示，云南咖啡产业缺乏标准的加工、仓储、物流、交易等产业配套，导致以雀巢为代表的国际企业，实际上在云南是以低于纽约咖啡期货价格10～15美分/磅的价格收购云南商业级咖啡生豆，这在全球的咖啡产区都是不会发生的情况，直接导致云南咖农每年收入减少近10亿元。

经过几十年的引进种植及新品种培育，云南咖啡种植者和研究者积累了丰富的种植经验，也培育出多个环境适应性强、咖啡风味丰富的咖啡新品种，典型的内陆型咖啡风味尤其明显。海拔800～1300 m环境下种植出的咖啡豆具有明亮的果酸，被咖啡爱好者用作拼配风味丰富的咖啡的秘方。由于土壤矿物质成分、微型气候及周边环境不同，种植在海拔1500 m以上的咖啡树所产出的咖啡豆风味各异，咖啡香而不烈、浓而不苦。

咖啡树可与低矮的灌木伴生，也可以与高大乔木共生，种在山野有利于减少水土流失、保护环境，种在乡村田园可以美化家园、丰富生活，还能结出风味丰富的咖啡果实，带来良好的经济效益。勤劳肯干的边疆少数民族咖啡种植者，努力创造云南特色的咖啡生活，影响并改写着咖啡世界，创造着更加丰富多彩的咖啡美学。

三、咖啡的深加工产品

咖啡的深加工一般指咖啡产品（速溶咖啡、挂耳咖啡、二合一咖啡、三合一咖啡及罐装咖啡饮料等）的加工。咖啡加工过程中物理化学变化监测研究、加工设备的研究开发及咖啡产品对人体健康的影响研究也应该属于咖啡加工范畴。人们习惯把咖啡豆产地的加工称为初加工，咖啡消费端的加工称为深加工。

德宏后谷咖啡有限公司的“后谷咖啡”是中国第一个本土咖啡品牌，也是唯一一个获得咖啡全产业链企业中国驰名商标的品牌。德宏后谷咖啡有限公司在咖啡深加工方面做了大量的投入和努力，自主研发和建设咖啡冻干粉生产线，生产出深受咖啡消费者喜欢的咖啡冻干粉，尤其是自主研究开发的以核桃粉取代植脂末的咖啡产品，在营养和风味上都有创意及进步。自2009年以来，后谷咖啡已逐步建成年产33 000吨的速溶咖啡生产线，结束了欧洲垄断咖啡设备装备制造的历史，整套速溶咖啡设备生产成本仅为欧洲的1/3。

德宏后谷咖啡有限公司建于1994年，是集咖啡种植、加工、销售及进出口业务为一体的民营企业，是国内咖啡行业少有的覆盖全产业链的专业性企业。公司通过“合作社+”的模式运作发展，据相关资料显示，截至2016年底，开发种植咖啡27万亩，带动农户6万户30余万人参与咖啡的生产、经营与销售。后谷还是咖啡行业的全国智能制造试点示范企业，后谷咖啡产品已出口至英国、美国、韩国、新加坡等全球50多个国家及地区。

2016年11月，第26届世界咖啡科学大会暨首届亚洲咖啡年会在德宏芒市成功举办，由后谷咖啡主导的亚洲咖啡协会成立大会在芒市成功举办。会议表决通过了后谷咖啡董事长熊相人任亚洲咖啡协会首届主席，并首次推出亚洲咖啡标准ABODY认证。德宏芒市将成为亚洲咖啡年会永久举办地，亚洲咖啡协会的成立标志着亚洲咖啡，尤其是中国咖啡将在全球市场上扮演更为重要的角色。

【拓展阅读】

助力乡村振兴，高校在行动

自2013年开始，为响应党中央帮扶贫困山区脱贫致富的号召，按照教育部的安排，华南理工大学对点帮扶云南省云县和云南省孟连县。这两个县都种植有大量的咖啡树，2014/2015年度咖啡豆采收季受国际咖啡豆价格走低的影响，种植咖啡经济效益降低，致使当地咖啡种植户砍毁咖啡树，咖啡企业经营困难。

为帮扶咖啡种植户及咖啡企业发展咖啡产业、提高经济效益、助力脱贫致富，学校派出的挂职教师主动提出帮扶咖啡种植户和咖啡豆加工企业技术改造，校领导带领专家团队到咖啡加工厂现场调研考察，制订咖啡产业帮扶方案。经过两年多的共同努力，孟连县娜允镇芒掌咖啡场获得2016年云南咖啡生豆大赛第三名，孟连县班安咖啡加工厂获2017年云南咖啡生豆大赛第一名，所生产的咖啡豆进入华南理工大学校园，大学生咖啡创业团队用孟连咖啡豆制作的咖啡饮品，在校园开展“消费农产品帮扶活动”，丰富校园咖啡文化生活。

近年来，两县咖啡豆连续丰产，但咖啡豆售卖价格连续下降，华南理工大学组织多名教授、多学科专家组成调研团队到云县咖啡种植地考察，拟建“华南理工大学咖啡研究中心”，开展咖啡深加工产品研究开发，延长咖啡产业链，激起华园咖啡帮扶山区脱贫致富的浪花。

2014年12月，在广州第一届国际咖啡展览会上，孟连县芒掌咖啡场创始人胡稀祥为仅能提供自家种植的咖啡生豆参加展会苦恼，“看着咖啡豆、没有咖啡喝”。此事激起了华南理工大学对口帮扶孟连县挂职人员的许多设想，在学校领导的支持下，开启“咖啡产业帮扶”行动，在咖啡饮品制作方面得到了广东肇庆“不二”咖啡馆馆主李杰先生的指导和帮助。

2016年春季，在上海国际咖啡展览会上，胡稀祥邀请华南理工大学教师探讨咖啡鲜果色选机技术问题，借助国产豆类色选机的技术原理，在设备制作商的大力支持下开发了咖啡鲜果色选机。在2016/2017年度咖啡鲜果采收季，咖啡鲜果色选机成功应用在咖啡初加工流程，可快速自动选出咖啡绿果（未成熟果），有效降低生产成本，提高咖啡生豆的品质，促进精品咖啡的生产加工，推动孟连咖啡产业的发展和进步。2018年，在相关政府部门的支持和指导下，孟连县咖啡产业协会成立，推进孟连县精品咖啡豆的生产技术进步，促进咖啡产业发展。

第三节　中国咖啡的市场

一、中国咖啡市场的发展历程

2002年，来自 Wrecking Ball Coffee Roasters 公司的翠西·罗斯杰（Trish Rothget）首次将世界咖啡历史上的三次重大变革定义为“浪潮（wave）”，即第一波是以雀巢咖啡为代表的咖啡速食化，第二波是以星巴克为代表的咖啡精品化，第三波是以美国“三大”独立咖啡馆为代表的咖啡美学化。与全球咖啡演化浪潮相对应，中国咖啡市场的发展也经历了三次浪潮，但由于起步较晚，时间上滞后一些。

1．速溶咖啡时代

20世纪80年代，麦氏咖啡（后改名为“麦斯威尔咖啡”）和雀巢咖啡先后进入中国市场。雀巢“手把手”地在电视广告里教消费者如何冲泡咖啡，在当时的中国家庭，玻璃罐装的雀巢速溶咖啡是送礼的佳品，是“洋气”的代表。2017 年，雀巢在速溶咖啡领域的市场份额占比达 72.3%，而排名第二的麦斯威尔仅为 3.1%。速溶咖啡较低的消费成本，让很多中国人有了了解并接触咖啡的机会。但由于速溶咖啡本身的品质较差，为了追求方便快捷，牺牲了咖啡豆本身的香气和风味，这也让很多初试咖啡的人对其产生了厌恶。

2. 星巴克垄断时代

许多中国人对咖啡的偏见一直持续到 1999 年，这一年，星巴克正式进入中国。星巴克对改变中国的咖啡市场起到了重大的作用，其中最重要的一点是星巴克将意大利咖啡中的半自动咖啡机引入到了咖啡店中，利用深度烘焙、现磨现泡等，掀起了第二次咖啡浪潮。

3. 精品咖啡时代（逐步拉开序幕）

2010 年以后，随着本土云南咖啡精品化，咖啡连锁巨头的国内门店开始提供高端手冲服务，加上国外精品咖啡如 Blue Bottle、% Arabica 等的影响，越来越多的中国消费者了解了精品咖啡的相关概念，认识到咖啡和红酒、精酿啤酒一样，也需要人们从采摘到烘焙再到冲泡都加倍呵护、精心处理。高端咖啡消费者开始追求单一品种、原产地可溯，在优质气候、水土下培育的带有产地风味的上等咖啡豆。

二、 中国咖啡市场的现状

我国咖啡消费起步虽晚，但发展速度很快。随着生活水平的提高，越来越多中国消费者会在办公或早饭时选择速溶咖啡提神，而在社交时会在咖啡厅饮用现磨咖啡。根据相关行业研究数据，目前我国的咖啡市场有以下特点：

（1）线上咖啡市场规模稳步扩大，拉动咖啡器具、咖啡机等相关用品消费热度，线上顾客更加年轻化。

（2）线下咖啡店市场规模迅速扩张，2013 年市场销售规模仅有 135 亿元人民币，2016 年突破 200 亿元，2018 年超过 270 亿元，线下咖啡店数量超过 14 万家。

（3）传统巨头拥抱新零售，通过优化上游供应链，线上线下共享产品链，驱动消费体验升级。新零售模式的出现，使咖啡店服务面积得到延伸，以线上线下相结合的方式打破了咖啡消费的边界。

（4）90 后、95 后成为线上咖啡消费主力军，女性占比超六成；二线城市咖啡消费需求旺盛，人数占比近半，低线级城市消费人数增速突出。

（5）在线上咖啡市场，速溶咖啡的销售额占比接近 70%（2017 年），但在逐年紧缩；滤挂咖啡、胶囊咖啡市场规模增速突出；新兴品类咖啡液市场规模猛增，占比扩大近4倍。

2015 年，我国的咖啡消费市场规模约为700 亿元，约占全球市场的0.5%。近年来，我国咖啡消费年增长率在15%左右，发展态势迅猛。而我国的咖啡年人均饮用量（0.03 kg）还远低于欧盟（5.6 kg）和美国（4.2 kg），与全球平均水平（1.25 kg）也有较大差距，因此市场还存在很大的发展空间。

【拓展阅读】

疫情下的武汉咖啡馆*

Wacanda 咖啡，一个在武汉刚成立一年多的咖啡品牌。在新冠肺炎疫情蔓延武汉期间，它成为这座城市里唯一还在运营的咖啡馆。这个团队由留守武汉的七位咖啡师临时组成，年龄跨度从80后到00后，分别来自武汉、郑州和伊朗。

2020 年1 月23 日早晨，田亚珍看到了手机上的一则新闻推送：武汉市宣布将于当日10 点关闭离汉通道，各大商城、餐饮、娱乐场所暂停营业。

90 后姑娘田亚珍是武汉 Wakanda 轻饮咖啡的老板。就在两天前，随着春运返乡潮的开始，Wakanda 咖啡馆已经关了武汉市内的五家分店，只有光谷店和汉街店还在营业，大多数外地员工也踏上了归途。

和咖啡馆的几个伙伴商量之后，田亚珍决定关掉汉街店，把那边的牛奶、咖啡豆等物资也拉回光谷店，至少先保住一家店，留守的人聚在一起也相互有个依靠。

Wakanda 咖啡光谷店位于世界城光谷步行街，毗邻湖北省中医院、武汉市第三医院光谷院区和中南医院。学生、上班族和医生、护士构成了消费的主要人群，其中不少医护人员是咖啡的重度爱好者。尤其是在夜里，店里总能接到许多来自医院的外卖订单。

1 月24 日，关闭离汉通道的第二天下午，咖啡馆来了两位戴着口罩的医护人员，他们是店里的老顾客。工作人员从他们口中得知，医院现在的工作量比之前突然增大了很多，疫情确实比想象中还要严重。

田亚珍说，当天晚上，几个人在店里开了一个小会。“不能在家坐以待毙。大家都痛快地决定了，给医护人员做公益咖啡！”

---

* 本文摘自新京报百家号2020 年2 月17 日发布文章，原名为《疫情下的武汉咖啡馆：就算店垮了，最后一杯咖啡也给医生》，网址：https：//baijiahao. baidu. com/s？id = 1658784414280728367&wfr = spider&for = pc。

说干就干，一直是这个年轻团队的行事风格。田亚珍在工作群里发了一条信息："谁要来光谷做咖啡，中午要送200杯咖啡给湖北省中医院的医生护士白衣天使们。"没有想到的是，留在武汉的小伙伴纷纷报名，而彼时武汉的疫情已经开始大面积爆发。

1月26日早晨九点半，田亚珍和三位咖啡师准时到达咖啡店。

数量是提前一天跟医院沟通好的，一天五百杯咖啡，分上午和下午两批完成。一个医院的老顾客看到田亚珍在朋友圈里说想要免费为医护人员送咖啡，主动帮忙联系了医院，对方表示如果能喝到他们做的咖啡是件很幸福的事情。收到这个答复后，大家都特别激动。

由于医生们只有午饭和晚饭时间可以休息，所以必须要在这两个时间段内把咖啡送到医院。对Wacanda咖啡团队来说，这也是一场考验。磨豆、压粉、萃取、打奶、打包配送，Wacanda的员工自动形成了一道流水生产线。采用和平时一样的制作工艺，省去耗时的拉花环节，其他保持不变。

上午的三百杯咖啡要在一个半小时内制作完成。虽然时间紧迫，但既要保证速度，也要保证品质。为此，田亚珍做了很多细致的功课。比如，选用拿铁而不选用美式，因为美式咖啡除了提神也利尿，对于要穿着隔离服连续工作几个小时的医护人员来说极不方便。此外，平时做拿铁打奶的温度应在55～65℃之间，这样口感和营养都是最佳的。但现在，他们把打奶的温度控制在80℃上下，保证咖啡送到医护人员手上时还是温热的。

咖啡做好后，由Echo和段公子在12点前开车送达医院。

无法当面交流，不少医护人员都会在商家后台留言。"第一次喝到你们的咖啡是那天穿着防护服上完七个半小时白班，从早上八点一直没喝水没上厕所，回到科室第一件事，看到餐桌上摆了好多咖啡，立即打开一口气就干完一杯。""为了照顾不喝咖啡的医护人员，贴心的你们还搭配了果汁。"田亚珍说，这些回复是对他们最大的鼓励。

随着疫情的持续蔓延，大家得知有很多医院的医护人员也被感染，有些都没有病床，甚至也不能回家自我隔离，只能住在医院之后，心里很难受。田亚珍决定要把每天送去的"中国拿铁"改名为"武汉拿铁"，这是属于武汉人的咖啡，"我们用店里最宝贵的东西来纪念这些日子。"

2月9日，Wacanda团队送咖啡的第15天，一篇在咖啡垂直行业媒体公众号上发布的文章，将这家低调的咖啡馆带到公众面前，文章迅速被转载，阅读量一夜破十万。

有人说这是"普通人的守望相助"，有人说他们是"城市的守护者"，更有许多网友表示"在疫情结束后，一定要去Wacanda打卡"。

第二天，先后有咖啡豆、牛奶的供应商打来电话，表示要捐助，田亚珍暂时婉拒了，表示店里目前物资还充足，而且武汉现在物流也不方便。之前他们每天早上会赶在一家生鲜超市开门的第一时刻，去扫荡当天需要的鲜牛乳。咖啡店的牛奶供应商在知道他们做公益咖啡后，主动捐赠了牛奶和鲜牛乳，一直对接的咖啡豆供应商也赞助了50千克的哥伦比亚咖啡豆。

2月11日早上，田亚珍发现不停有人通过微信和支付宝转账，“我退了他们又转，我再退。”大众点评上也突然多了一笔资金，后来发现是网友通过大众点评上的“买单”功能来付款的，大多数是20元、30元、50元这样的金额，也有500元、1000元的，来自全国各地，甚至还有台湾的咖啡同行。

原来，网友自发发起了一场线上买单的捐赠，希望通过网络下单请一线的医生护士喝到一杯热咖啡。被网友们所称的“云咖啡”就这样诞生了。截至2月15日晚，店里总共收到了13 571笔订单，累计为Wacanda咖啡捐赠了163多万元。面对这个惊人的数字，大家都感到出乎意料的惊喜和感动。

在此之前，田亚珍从来没想过会做到哪天，就是打算一直做下去，直到把七家店的物资都耗光为止。但现在看到这么多人说“不希望这么温暖的咖啡店倒闭”，他们决定尽最大所能坚持下去，满足广大网友的心愿，把“云咖啡”送到每一位医护人员手里。

截至2月17日，Wacanda团队的免费咖啡已涵盖了周边的三家医院，驰援武汉的一些医疗队也开始联系他们送咖啡。每一杯咖啡上，除了祝福语外，还会写上捐赠的网友ID。

在最新的咖啡日记里，田亚珍写下了这样一段话：每天在去医院送咖啡的路上，我们看到农民把自己种的菜直接拉到医疗队，小饭馆的老板为医护人员送几百份饭菜，在国外旅行的人直接把一箱箱口罩背回来送到医护人员手里，我们见到了很多抗疫时期的“逆行者”。我们只是做了我们该做的事情，只是一个中国人该有的样子罢了。

参考文献

[1] 田野. 杨青林的咖啡解密[M]. 北京:北京图书出版社,2014.

[2] 严炜,刘光华,黄家雄,等. 咖啡3种主要育苗方法及技术要点[J]. 热带农业科学,2017,37(12):34-43.

[3] 董云萍,黄丽芳,闫林,等. 种间和种内嫁接对5个中粒种咖啡品种生长、产量及品质的影响[J]. 热带农业科学,2015,35(4):15-25.

[4] 闫林,黄丽芳,陈鹏,等. 同处理对中粒种咖啡扦插生根的影响[J]. 热带作物学报,2012,33(12):2193-2198.

[5] 周艳飞. 咖啡高产优质栽培的几个重要环节[J]. 广西热带农业,2001,4:30-31.

[6] 朱益飞,刘小刚,何红艳,等. 青枣荫蔽栽培下微润灌溉对小粒咖啡生长和水光利用的影响[J]. 排灌机械工程学报,2018,36(9):806-811.

[7] 韩怀宗. 精品咖啡学(上)[M]. 北京:中国戏剧出版社,2017.

[8] 李亚男,杨世贵,严炜,等. 不同采收期咖啡果实物理性状比较[J]. 热带农业科学,2017,37(3):57-62.

[9] 白学慧,周丽洪,胡永亮,等. 咖啡细菌性叶斑病病原的分离与鉴定[J]. 热带作物学报,2013,34(4):738-742.

[10] 黄家雄. 小粒咖啡标准化生产技术[M]. 北京:金盾出版社,2009.

[11] 龙乙明,王剑文,佘宇平,等. 云南小粒种咖啡[M]. 昆明:云南科技出版社,1997.

[12] 陈文强. 咖啡果实干燥特性和烘焙对其成分影响的研究[D]. 杨凌:西北农林科技大学,2015.

[13] 王露. 遮荫条件下水氮处理对小粒咖啡生长及光合特性的影响[D]. 昆明:昆明理工大学,2017.

[14] 蔡传涛,蔡志全,解继武,等. 田间不同水肥管理下小粒咖啡的生长和光合特性[J]. 应用生态学报,2004,15(7):1207-1212.

[15] 杨旸,左艳秀,毕晓菲. 云南小粒咖啡荫蔽栽培模式优势及措施[J]. 中国热带农业,2015(2):37-38.

[16] 万媛媛,普雁翔,赵梅,等. 云南咖啡产业发展现状及对策[J]. 中国热带农业,2015(2):20-23.

[17] 许彤宇,曾绍东,王明月,等.焙炒咖啡中丙烯酰胺的研究现状[J].食品安全质量检测学报,2015,10:4063-4069.

[18] 李飞,李想.低分子添加剂法抑制焙烤食品中丙烯酰胺的研究现状[J].食品与发酵工业,2012,38(8):141-145.

[19] 齐雅静.不同结构原花青素的制备及对食品中丙烯酰胺生成的影响[D].无锡:江南大学,2019.

[20] 王思维.油炸食品丙烯酰胺生成及其感官评价方法研究[D].大连:大连工业大学,2017.

[21] 邱明华,张枝润,李忠荣,等.咖啡化学成分与健康[J].植物科学学报,2014,32(5):540-550.

[22] 薛山.咖啡因生理功效、脱除技术及研究趋势[J].食品与机械,2013,29(01):232-235,262.

[23] 李学俊,莫丽珍.咖啡杯品与检验[M].昆明:云南大学出版社,2014.

[24] 李学俊,黄家雄,张洪波.小粒种咖啡栽培与初加工[M].昆明:云南大学出版社,2014.

[25] 伍颜贞.咖啡的化学特性[J].热带作物研究(热带农业科学),1988(1):73-77.

[26] 黄家雄,吕玉兰,程金焕,等.不同海拔对小粒种咖啡品质影响的研究[J].热带农业科学,2012,32(8)4-7.

[27] 黄家雄,李亚男,杨世贵,等.不同产地小粒种咖啡质量比较研究[J].热带农业工程,2010,34(4):7-10.

[28] 曾凡逵,欧仕益.咖啡风味化学[M].广州:暨南大学出版社,2014.

[29] 戴艺,卢金清,李肖爽,等.不同产地咖啡豆中挥发性成分的HS-SPME-GC/MS法分析[J].湖北农业科学,2014,53(18):4422-4426.

[30] 虞健.不同烘焙程度咖啡感官特征及主要化学成分分析[D].无锡:江南大学,2014.

[31] 李维锐,周仕峥.我国咖啡产业发展现状及前景[J].热带农业科学,2011,31(10):105-108.

[32] 高碧华.咖啡香味的感官评估[J].中外食品,2008,02:48-52.

[33] 胡双芳,卫亚西,邢精精,等.咖啡豆的化学组分差异与感官品质的相关性分析[J],食品工业科技,2013,24:125-129.

[34] 陈德新.海南岛咖啡早期引种扩种史考[J].热带农业科学,2010,30(5):

52 - 57.

[35] 韩怀宗. 精品咖啡学(下)[M]. 北京:中国戏剧出版社,2017.

[36] 闫林,董云萍,黄丽芳,等. 中粒种咖啡嫁接育苗技术[J]. 中国热带农业,2011(03):52 - 53.

[37] NOVAES,PAULA,SOUZA,et al. Grafting for improving net photosynthesis of Coffea arabica in filed in southeast of Brazil[J]. Experimental Agriculture,2011,47 (1).

[38] YASUHARA A,TANAKA Y,HENGEL M,et al. Gas chromatographic investigation of acrylamide formation in browning model system[J]. Journal of Agriculture and Food Chemistry,2003,51(14):3999 - 4003.

[39] KOCADA T,GONCUO N,HAMZAHO A,et al. In depth study of acrylamide formation in coffee during roasting: Role of sucrose decomposition and lipid oxidation [J]. Food & Function,2012,3(9):970 - 975.

[41] BAGGENSTOSS J,POISSON L,KAEGI R,et al. Coffee roasting and aroma formation: application of different time - temperature conditions[J]. Journal of Agricultural and Food Chemistry,2008,56(14):5836 - 5846.

[42] STADLER R H. Acrylamide from Maillard reaction products[J]. Nature,2002,419:449 - 450.

[43] FRANCA A S,OLIVEIRA L S,OLIVEIRA R C S,et al. A preliminary evaluation of the effect of processing temperature on coffee roasting degree assessment[J]. Journal of Food Engineering 2009,92 (3):345 - 352.

[44] BAGDONAITE K,DERLER K,MURKOVIC M. Determination of Acrylamide during Roasting of Coffee[J]. Journal of Agricultural and Food Chemistry,2008,56:6081 - 6086.

[45] 田光壽咖啡學院. 初學者的咖啡關鍵100問[M]. 魏嘉儀,譯. 新北:楓葉社文化,2016.

附录

咖啡专业术语中英文对照表

常见咖啡类型

脱因咖啡：decaffeinated coffee
半脱因咖啡：half-decaf coffee
现磨咖啡：fresh ground coffee
黑咖啡：black coffee
速溶咖啡：instant coffee
手冲咖啡：pour-over coffee
冷萃咖啡：cold brew coffee
冰滴咖啡：ice drip coffee/Dutch Coffee
法式滴滤咖啡：French Coffee
挂耳包：instant drip coffee bag

咖啡馆里常见的咖啡

拿铁咖啡：coffee latte
卡布奇诺：cappuccino
美式咖啡：americano
摩卡咖啡：coffee mocha/mocha
玛奇朵：macchiato
焦糖玛奇朵：caramel macchiato
可塔朵：cortado
馥芮白/平白/澳白咖啡：flat white
欧蕾咖啡：coffee au lait
半拿铁/布雷卫咖啡：breve
阿芙佳朵：affogato
密斯朵咖啡：coffee misto
浓缩康宝蓝：espresso con pana
浓缩咖啡玛奇朵：espresso macchiato
意式浓缩：espresso（short black）
澳式咖啡：long black
蕊丝翠朵：ristretto
廊构咖啡：lungo
红丝绒拿铁：red velvet latte
冰薄荷咖啡：iced mint coffee
香草卡布奇诺：vanilla cappuccino
菠萝冰美式：iced pineapple americano
冰摩卡：iced mochaccino
冰水果咖啡：iced fruit coffee
法国香草咖啡：French vanilla coffee
漂浮冰咖啡：iced coffee float
巧克力冰咖啡：iced chocolate coffee
玫瑰夫人咖啡：rose lady coffee
皇家咖啡：royal coffee
君度咖啡：cointreau coffee
爱尔兰咖啡：Irish coffee
姜汁咖啡：ginger juice coffee
贵妇人咖啡：dame coffee
椰香咖啡：coconut coffee

杯型

超大杯：venti

中杯：tall

大杯：grande

小杯：short

牛奶的种类

全脂牛奶：whole milk

豆奶：soy milk

低脂牛奶：low-fat milk

杏仁奶：almond milk

脱脂牛奶：skim milk

咖啡品种

阿拉比卡：Arabica

卡图文：Catuai

罗布斯塔：Robusta

马拉戈日皮：Maragogype

利比里亚：Liberica

瑰夏：Geisha/Gesha

波旁：Bourbon

帕卡斯：Pacas

卡杜拉：Caturra

薇拉·萨尔奇：Villa Sarchi

帝比卡：Typica

帕卡马拉：Pacamara

蒙多诺沃：Mundo Novo

肯特：Kent

常见的产地名

咖啡带：coffee zone

印度尼西亚：Indonesia

巴西：Brazil

肯尼亚：Kenya

哥伦比亚：Colombia

巴拿马：Panama

哥斯达黎加：Costa Rica

坦桑尼亚：Tanzania

埃塞俄比亚：Ethiopia

云南：Yunnan

危地马拉：Guatemala

也门：Yemen

咖啡豆

单品：single origin

曼巴咖啡：Mandeling & Brazilian coffee

拼合：blend

碳烧咖啡：charcoal roasted coffee

爪哇：Java

夏威夷可娜咖啡：Hawaiian Kona coffee

耶加雪菲：Ethiopia Yirgacheffe

蓝山咖啡：blue mountain coffee

曼特宁：Sumatra Mandheling

猫屎咖啡（麝香猫咖啡）：kopi luwak

精品咖啡：specialty coffee

商品咖啡：commodity coffee

咖啡的初加工

咖啡树：coffee tree

咖啡樱桃：coffee cherry

咖啡生豆：green coffee bean

脱皮：process

摘果：harvest

发酵：fermentation

瑕疵豆：defective bean

银皮：silver skin

咖啡豆：coffee bean

蜜处理法：honey process

日晒处理法：natural process

水处理法：washed process

季风处理法：monsooning

去果皮日晒处理法：pulped natural process

批次：lot

咖啡器具

摩卡壶：moka maker

法压壶：French press

爱乐压：aero press

蛋糕滤杯（波浪滤杯）：kalita wave

滴滤杯：dripper

美式滤泡壶：chemex

虹吸式咖啡壶：siphon/syphon

越南壶：Vietnamese pot

比利时皇家咖啡壶/平衡式赛风壶：balancing syphon

土耳其咖啡壶：cezve

美式滴漏咖啡壶：electric coffee maker

那不勒斯壶：Napoletana

咖啡细口壶：swan neck kettle

咖啡机：coffee machine

咖啡壶：coffee pot

咖啡机（壶）：coffee maker

咖啡磨豆机：coffee grinder

滤纸：coffee paper filter

粉层膨胀：bloom

水粉比例：brew ratio

冲煮时间：brew time

克丽玛/咖啡油脂：crema

杯测：cupping

品尝：tasting

咖啡机

意式咖啡机：espresso machine

半自动（机型）：semi-automatic

自动（机型）：automatic

营业商用（机型）：commercial

消费者（机型）：consumer

锅炉：boiler

冲煮头：machine's grouphead

压粉锤：tamper

填压：tamping

冲煮把手：portafilter

粉碗：basket

蒸汽管：steamwand

喷嘴：nozzle

控制面板：panel

拉花缸：pitcher

打奶：steam milk

咖啡拉花：latte art

蒸奶：steamed milk

奶泡：milk foam

咖啡的研磨与萃取

咖啡渣：sediment

咖啡粉饼：coffee pack/coffee bed

研磨：grind

萃取：extraction

冲煮：brew

冲煮温度：brew temperature

冲煮时间：brew time

咖啡浓度：strength of coffee

萃取不足：underextracted

过度萃取：overextracted

磨盘式/锯齿式磨豆机：burr grinder

刀盘/刀片式磨豆机：blade grinder

粗研磨：coarse

中研磨：medium

细研磨：fine

浓缩咖啡式研磨：finer/espresso

极细研磨：finest/Turkish

咖啡师：barista

杯测师（咖啡品质鉴定师）：cupper/Q-grader

咖啡的烘焙

烘焙工坊：roastery

烘焙师：roaster

咖啡烘焙机：coffee roaster

鼓式/滚筒式烘焙机：drum roaster

浮风床式烘焙机：fluid-bed roaster

切线式烘焙机：tangential roaster

球式离心力烘焙机：centrifugal roaster

烘焙咖啡豆/熟豆：roasted coffee

极浅烘焙：light roast

肉桂色烘焙：cinnamon roast

中度烘焙：medium roast

中高度烘焙：high roast

都市烘焙：city roast

深都市烘焙：full city roast

法式烘焙：french roast

意式烘焙：Italian roast

重焙：deep roast

深焙：dark roast

咖啡风味描述

平顺：smooth
深度：depth
风味：flavor
醇度：body
酸度：acidity
苦味：bitter
甘度：sweet
香气：aroma
干净：clean
平衡：balance
口感：mouthfeel
复杂度：complexity
清淡：bland
咸味：briny
泥土的芳香：earthy
独特性：exotic
芳醇：mellow
温和的：mild
柔润的：soft
辛辣的：spicy
发酸：sour
浓郁的：strong
狂野的：wild
葡萄酒味儿：winy
黄油味：buttery
乳脂状：creamy
厚重：heavy
轻：light
稠：thick
薄：thin
水味：watery

咖啡相关组织和赛事

雨林联盟：RFA—Rainforest Alliance
卓越杯：COE—Cup of Excellence
精品咖啡协会：SCA—Specialty Coffee Association
美国精品咖啡协会：SCAA—Specialty Coffee Association of America
欧洲精品咖啡协会：SCAE—Specialty Coffee Association of Europe
世界咖啡师大赛：WBC—World Barista Championship
世界咖啡拉花大赛：WLAC—World Latte Art Championship
世界咖啡烘焙大赛：WRC—World Roasters Championship
世界咖啡冲煮大赛：WBrC—World Brewers Cup
世界咖啡调酒大赛：WCIGSC—World Coffee in Good Spirits Championship
世界咖啡杯测大赛：WCTC—World Cup Tasters Championship
世界爱乐压大赛：WAC—World Aeropress Championship
专业咖啡大师竞技赛：PCA—Professional Coffee Athletics